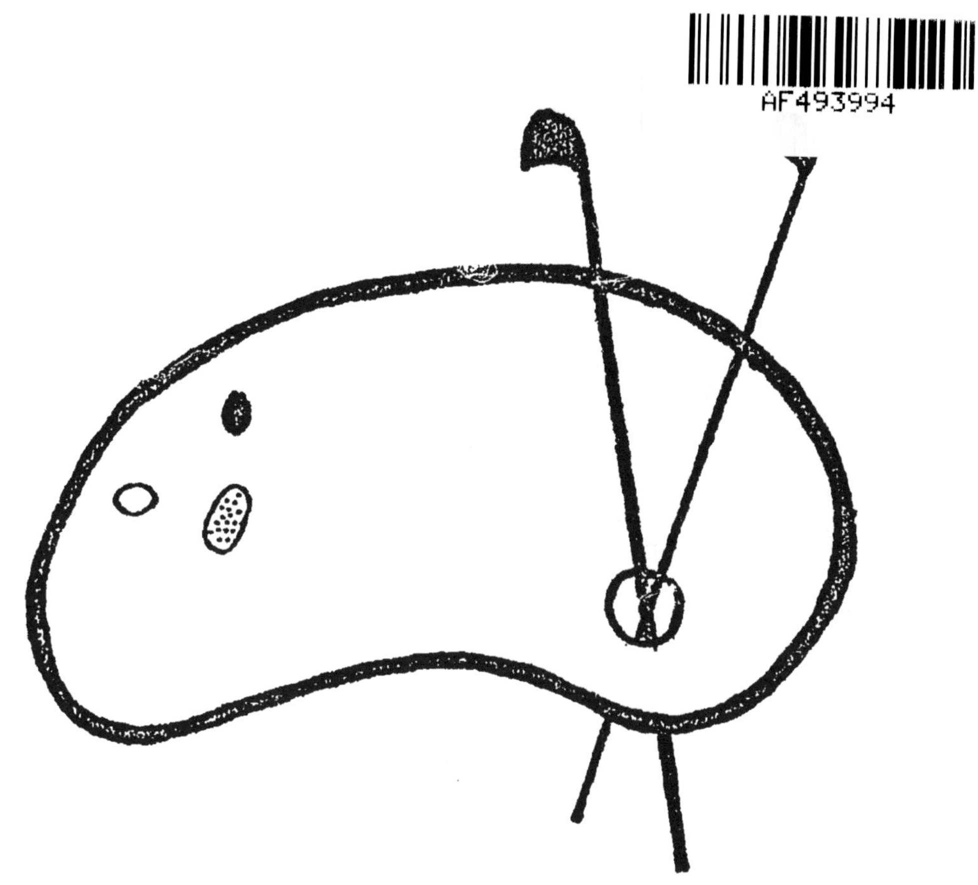

DEBUT D'UNE SERIE DE DOCUMENTS
EN COULEUR

LE CATÉCHISME

DU

CULTIVATEUR

FAIT EN VUE DE RÉSOUDRE LE PROBLÈME DE LA VIE A BON MARCHÉ ET DE RÉDUIRE LE PAUPÉRISME QUI GRANDIT DE JOUR EN JOUR

INDIQUANT LE MOYEN DE PRODUIRE BEAUCOUP DE VIANDE DE BONNE QUALITÉ BEAUCOUP DE LAIT ET BEAUCOUP DE BLÉ.

PRÉCÉDÉ

D'un aperçu des prétendus progrès agricoles de la France et des réels progrès agricoles des autres nations de l'Europe.

Quand la consommation de la viande diminue, *la mortalité s'accroît dans une proportion analogue.*

Rapport Commission d'enquête législative de 1851.

PAR

P.-N. LEROY

Membre de la Société des agriculteurs de la France,
Auteur d'un traité des champignons comestibles, suspects et vénéneux qui croissent en France,
Et de plusieurs opuscules faits dans le même but.

PRIX : 1 fr. pris au bureau, rue Thouin, 6, à Paris; ou 1 fr. 25 c. (en timbres-poste) rendu à domicile dans toute la France et l'Algérie.

1877

DU MÊME AUTEUR

Race de Durham, son origine, ses qualités et ses défauts, comparés à ceux des autres races améliorées au point de vue de la boucherie. Précédé d'une étude des terres de différente nature, avec les plantes qui leur conviennent. — In-12. Pris au bureau. 1 fr., et 1 fr. 25 c., rendu à domicile, en France et en Algérie.

Traité de la culture des racines fourragères, du chou et de la courge utilisées comme fourrage. Précédé de quelques notions de physiologie végétale et suivi de tableaux indiquant les plantes qui sont exigeantes en soins et en engrais et celles qui ne sont point exigeantes; ainsi que les plantes qui améliorent et celles qui épuisent le sol.

Cet ouvrage est partagé en deux parties, qui peuvent être prises séparément. Dans la première sont décrites toutes les racines fourragères (moins la betterave) et les variétés de turneps les plus estimés en Angleterre. — Chaque partie, in-8 avec 4 planches lithographiées. Prix : figures noires, 1 fr. 35 coloriées, 1 fr. 75.

Tableau de 66/92 centimètres, contenant une instruction relative à l'amélioration du bétail français, et 16 figures lithographiées d'animaux primés dans les concours publics en Angleterre et en France. — Prix : animaux figures noires, 8 francs; coloriées, 12 francs; et terrain colorié, 15 francs.

Tableau en deux feuilles murales de 54/70 centimètres, où est figuré un bœuf anglais 1/3 grandeur naturelle, primé à Paris. — Figure lithographiée, noire, 4 fr. 50.

Tableau en deux feuilles murales de 54/70 centimètres, où sont figurés 2 moutons et 3 cochons anglais, primés en Angleterre et à Paris. — Figures lithographiées et coloriées, 7 fr. 50.

Tableau en quatre feuilles murales de 54/70 centimètres, où sont figurés, au moyen de la lithographie, plus de 200 champignons comestibles qui croissent en France, des genres qui ne renferment ni une espèce, ni une variété suspecte ou vénéneuse; ces champignons sont en usage dans l'alimentation de l'homme, dans les autres États de l'Europe. — Prix : figures noires, 8 francs; coloriées, 12 francs.

Paris. — Typ. A. PARENT, rue Monsieur-le-Prince, 29-31.

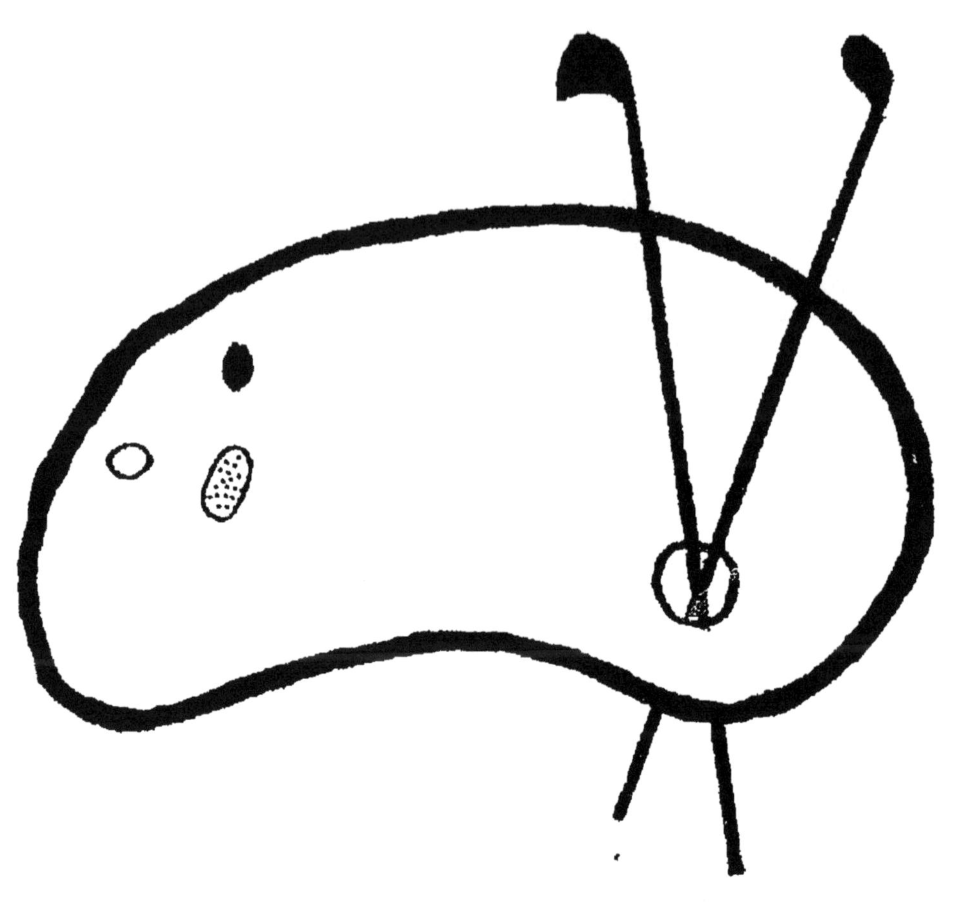

FIN D'UNE SERIE DE DOCUMENTS
EN COULEUR

LE CATÉCHISME

DU

CULTIVATEUR

Donné à la bibliothèque communale

de

par M.

le

LE CATÉCHISME

DU

CULTIVATEUR

FAIT EN VUE DE RÉSOUDRE LE PROBLÈME DE LA VIE A BON MARCHÉ ET DE RÉDUIRE LE PAUPÉRISME QUI GRANDIT DE JOUR EN JOUR

INDIQUANT LE MOYEN DE PRODUIRE BEAUCOUP DE VIANDE DE BONNE QUALITÉ BEAUCOUP DE LAIT ET BEAUCOUP DE BLÉ.

PRÉCÉDÉ

D'un aperçu des prétendus progrès agricoles de la France et des réels progrès agricoles des autres nations de l'Europe.

Quand la consommation de la viande diminue, *la mortalité s'accroît dans une proportion analogue.*

Rapport Commission d'enquête législative de 1851.

PAR

P.-N. LEROY

Membre de la Société des agriculteurs de la France,
Auteur d'un traité des champignons comestibles, suspects et vénéneux qui croissent en France,
Et de plusieurs opuscules faits dans le même but.

PRIX : 1 fr. pris au bureau, rue Thouin, 6, à Paris; ou 1 fr. 25 c. (en timbres-poste) rendu à domicile dans toute la France et l'Algérie.

1876

M

Depuis l'enquête législative de 1851, où il est rapporté que : « quand la consommation de la viande diminue, la *mortalité s'accroît dans une proportion analogue* »; le prix de cette denrée alimentaire s'est de plus en plus élevé, et son usage de moins en moins pratiqué par les deshérités de la fortune, a accru la mortalité et diminué les naissances (voy. les 14, 15 et 16e pages de cet opuscule).

Les cultivateurs français qui, pour les 99 centièmes, n'ont aucune connaissance des principes de leur métier, est la cause de ces calamités qui seront fatales au pays, si nous n'y portons remède en les mettant à même de s'instruire sur ce qu'ils ont à faire pour produire d'abondantes quantités de viande de bonne qualité, comme le font les cultivateurs des pays voisins.

Je me suis attaché, en écrivant cette petite brochure, à montrer à nos cultivateurs les grands avantages qu'offre le bétail hâtif sur le bétail tardif. Celui-ci dépense beaucoup plus de fourrage et produit moitié moins de viande.

Je leur fais voir qu'un kilogramme de viande qui coûte 60 centimes à obtenir de la naissance de l'animal à 3 ans pour les bœufs, à 15 mois pour les moutons et pour les cochons de races précoces, coûte 1 franc le kilogramme de la naissance au terme de la croissance des bêtes tardives qui est 7 ans pour les bœufs, 3 ans pour les moutons et les cochons, âge auquel ces animaux sont abattus, en donnant une viande moins tendre et moins délicate que celle des bêtes hâtives, qui sont abattues en moyenne à 3 ans pour les bœufs et à

15 mois pour les porcs et les moutons, en donnant une viande de qualité supérieure, comme vous allez le voir par ce qui suit.

Une commission de gourmets fut chargée par le gouvernement, il y a une vingtaine d'années, d'apprécier la qualité de la viande des animaux des unes et des autres de ces races. Les expériences ont porté sur 151 bœufs de concours publics, abattus à Paris. En voici le résultat :

QUALITÉ SUPÉRIEURE REPRÉSENTÉE PAR 20.

Age des animaux.	Races françaises pures ou tardives, 73 têtes.		
Bœufs de 3 ans...........	1 tête	16,7	
— de 3 à 4 ans.......	2 —	18,1	
— de 4 à 5 ans.......	10 —	18,4	maximum de qualité.
— de 5 à 6 ans........	21 —	18,6	maximum de qualité.
— de 6 à 7 ans........	16 —	17,9	
— de 7 à 8 ans........	14 —	17,8	
— de 8 à 9 ans........	9 —	16,0	

Age des animaux.	Races anglaises pures et croisées françaises ou hâtives, 78 têtes.		
Bœufs de 2 ans 1/2 à 3 ans.	38 têtes	19,9	maximum de qualité.
— de 3 à 4 ans.......	21 —	19,3	maximum de qualité.
— de 4 à 5 ans........	12 —	18,5	
— de 5 à 6 ans........	3 —	18,0	
— de 6 à 7 ans........	2 —	18,0	
— de 8 ans............	1 —	18,0	
— de 9 ans............	1 —	18,0	

De toutes les races françaises de l'espèce bovine, la race charolaise a seule une certaine précocité, étant améliorée depuis environ 70 ans par la sélection ; c'est celle qui a fourni les animaux les plus précoces.

La vie étant difficile, l'ouvrier réclame une augmentation de salaire que la concurrence empêche de lui donner. Nous avons donc tout intérêt à faire doubler en France la production de la viande, conséquence naturelle d'une abondante production de blé.

Les directeurs des établissements d'instruction de la jeunesse et de l'enfance, les industriels, les artisans, les commerçants, etc., et les chefs des administrations particulières sont intéressés à obtenir la vie à bon marché qui aux uns offrira les avantages de la concurrence étrangère.

La vie à bon marché, c'est l'augmentation de salaire réclamée par l'ouvrier et le petit employé. Or, l'ouvrier, le petit employé et le père de famille qui vivent au jour le jour, et qui, eux aussi, ont intérêt à aider nos cultivateurs à s'instruire pour produire beaucoup de viande, car il est reconnu par nos célébrités médicales que pour jouir constamment d'une bonne santé, l'homme de moyenne corpulence doit manger au minimum 300 grammes de viande par jour, de même que les enfants, si on veut qu'ils aient une robuste constitution. Alors, si on suppose une famille de trois enfants, le père et la mère mangeant par jour chacun 300 gr. de viande multiplié par 5 égale 1.500 grammes à 1 fr. 80 le kilogr. (viande de 2e catégorie) égale 2 fr. 70 de viande par jour. On compte 300 jours gras par an, multipliés par 2 fr. 70, donnent un total de 810 francs de viande par an. La production de celle-ci ayant doublé en six ans, réduira le prix du kilogramme de viande d'un tiers; donc 1.500 grammes de viande à 1 fr. 20 le kilogramme au lieu de 2 fr. 70, donnera pour les 300 jours gras un total de 540 francs de viande par an :

1er cas.... 810 fr. de viande par an.
2me cas.... 540 —

différence à l'avantage du père de famille 270 francs par an, produit d'un sacrifice de 1 franc fait pour instruire ceux qui sont restés au pays, sans compter le gain obtenu sur le pain, sur les médicaments et sur les visites du médecin.

Il n'y a pas une personne animée de sentiments d'humanité et de patriotisme, qui ne consente, quelle que soit sa position sociale, à s'imposer volontairement un léger sacrifice pour instruire nos cultivateurs, qui ont généralement beaucoup de mal et fort peu d'argent. J'ai pour cette raison fixé le prix de ces brochures le plus bas possible pour que l'ouvrier, le petit employé, etc., etc., puissent, en en adressant une ou plusieurs à une des bibliothèques communales de l'arrondissement où ils sont nés, laisser là un heureux souvenir d'eux en assurant en même temps la santé et l'existence facile de leurs concitoyens. Si la commune où ils sont nés n'avait pas encore de bibliothèque, ils auraient l'honneur d'avoir donné le premier livre pour en créer une.

Par le caractère national de ces publications, et aussi comme témoignage de ma reconnaissance aux personnes généreuses qui encourageront ces publications désintéressées, en souscrivant à plusieurs tableaux ou à 25 exemplaires de ces brochures, celles-ci seront livrées au prix de 1 franc rendues à domicile, et leurs nom et qualité seront imprimés en tête des éditions suivantes, avec le chiffre de la souscription.

P. N. L.

LE CATÉCHISME DU CULTIVATEUR

AVANT-PROPOS

Après avoir visité, dans plusieurs de nos anciennes provinces, un grand nombre de nos cultivateurs, nous avons pu juger, en faisant l'éloge mérité des cultivateurs allemands, belges et anglais, des prétentions erronées de certains fermiers bien posés qui, protégés comme les autres cultivateurs par les douanes françaises, gagnent de l'argent en se reposant sur des lauriers qu'ils n'ont pas mérités, osaient s'affirmer être les premiers cultivateurs du *monde*. De telles prétentions nous conduisent à leur faire cette question : vous améliorez votre bétail, dites-vous, dans quel but ? — Il nous fut répondu, comme s'ils s'étaient donné le mot : dans le but d'avoir un beau bétail ; — sous le rapport de la forme ? — non, c'est pour avoir un gros bétail. — Mais votre gros bétail, haut monté sur pattes, dépense beaucoup de fourrage, ce sont de très-mauvais animaux de boucherie, ils sont livrés à l'abattoir en moyenne à 7 ans pour les bœufs, en donnant 56 0/0 du poids vif, de viande aux quatre quartiers ; à 3 ans pour les moutons, qui donnent 45 0/0 de viande à la cheville, les uns et les autres avec de gros os qui réduisent à 35 ou 40 0/0 de viande consommée par les humains ; quand le bétail, amélioré en vue de la boucherie dont le poids vif est généralement plus élevé que celui des bêtes tardives, est abattu en moyenne à 3 ans pour les bœufs, à 15 mois pour les moutons, les premiers rendant en moyenne 68 0/0 du poids vif à la cheville, et les seconds 56 0/0 du poids vif aux quatre quartiers avec des os beaucoup moins gros que ceux des bêtes tardives qui donnent moitié moins de viande à la consommation.

Ces erreurs étant dues au défaut des connaissances qui sont indispensables à l'éleveur, nous nous sommes décidé à publier cette petite brochure et un tableau de 66/92 centimètres où sont dessinés plus de cinquante animaux dont seize ont été primés dans les concours publics en Angleterre et en France, pour servir de modèle aux personnes qui s'occupent de cette belle industrie.

Nous nous sommes attaché à faire voir à nos cultivateurs, les avantages de la substitution des races anglaises perfectionnées pour la boucherie aux races françaises, parce que les premières produisent à égalité d'âge le double de viande avec la même ration alimentaire, de même que les produits des croisements des mâles, améliorés par les anglais, avec les femelles des diverses races françaises dont la précocité permet de fabriquer le kilo de viande à moitié meilleur marché que celui ne nos bêtes tardives.

Le catéchisme du cultivateur traite de tout ce qui a rapport à l'élevage des espèces bovine, ovine et porcine, qu'un éleveur intelligent ne doit pas ignorer. Comme ce livre s'adresse aussi aux cultivateurs peu lettrés, nous avons jugé nécessaire d'appuyer, en les répétant à des intervalles plus ou moins éloignés, sur les choses importantes, afin qu'ils puissent profiter de ce travail pour gagner de la fortune en accroissant la force, la prospérité et la richesse de la nation. C'est ce que nous leur souhaitons de bon cœur, car ce serait pour nous la plus belle récompense que nous puissions envier, de leur avoir été utile ainsi qu'au pays.

APERÇU

Des effets des prétendus progrès agricoles de la France ; et des réels progrès agricoles des autres nations de l'Europe qui, malgré les droits à l'importation, envoient annuellement sur nos marchés, des centaines de mille têtes de bétail et de grandes quantités de viandes fraîches et salées.

« La production de la viande fait encore défaut en France, ainsi que la production des diverses substances animales qui pourraient y suppléer jusqu'à un certain point : le lait, les œufs, le fromage, etc., écrivait en 1862 M. A. Tardieu, membre de l'Académie de médecine, dans son important ouvrage d'*Hygiène publique et de salubrité*, t. IV, p. 202.

« Le développement, la santé, la vie des hommes, continue le savant académicien, considérés dans leur principe, dépendent avant tout d'une alimentation substantielle, suffisante, constante et assurée. Les physiologistes, les médecins, hygiénistes, ont unanimement reconnu l'influence constante, fatale, dominante, qu'exerce sur la mortalité la cherté de la viande. A cet égard, tous les économistes, tous les médecins sont unanimes pour réclamer l'accroissement de la consommation de cet aliment. Le décret qui abaisse les droits à l'importation des bestiaux et des viandes fraîches et salées est un premier, un très-grand pas fait vers la transformation que nous appelons de tous nos vœux. Mais, ainsi que le fait justement remarquer M. Cador, pour que cette mesure trouve aux yeux des éleveurs une juste compensation, il ne faut pas que le gouvernement s'arrête à ce premier décret, etc. A quoi bon, en effet, briser les barrières extérieures si l'on doit laisser subsister à l'intérieur les mille obstacles créés par les octrois ? »

Le savant M. Payen, dans son *Traité des substances ali-*

mentaires, publié à Paris en 1854, nous apprend dans un travail judicieux, fait à l'aide de documents officiels, et basé sur le chiffre de la population française, que la quantité moyenne de viande et d'aliments équivalents tels que le lait, les œufs, le fromage, le poisson et le gibier, ne dépasse pas 28 kilogrammes par an, ou 70 gr. 71 c. par jour et par individu, tandis qu'en Angleterre, où un travail semblable a été fait, elle est de 82 kilogrammes par an ou 224 grammes par jour et par personne, quantité reconnue encore insuffisante pour jouir d'une bonne santé.

Par la conformation de son appareil digestif, l'homme doit prendre la viande pour base de son alimentation, c'est d'elle que dépendent sa bonne constitution, sa force, sa santé, sa fécondité et sa longévité.

Si nous comparons la longueur de l'appareil intestinal de l'homme à celui des carnivores et à celui des herbivores, nous voyons que cette longueur est très disproportionnée, et que leur étendue est en rapport avec leur alimentation. En effet, le canal intestinal des carnivores (le lion, le tigre, etc.) qui se nourrissent exclusivement de viande, a trois fois la longueur de leur corps, mesuré de la nuque à la naissance de la queue; celui de l'homme a six fois cette longueur de la nuque au coccyx; et le tube digestif des herbivores (le bœuf, le mouton, etc.) a en moyenne vingt-huit fois la longueur de leur corps mesuré de la nuque à l'attache de la queue.

On a mesuré, il y a une vingtaine d'années, aux abattoirs de Paris, un très-grand nombre de ces appareils de la digestion chez ces animaux ; ceux des bœufs, qui mesuraient 2m,08 à 2m,15 de la nuque à la queue, avaient un canal intestinal de 44 à 60 mètres de longueur.

Nous ne faisons jamais un travail, quel qu'il soit, sans qu'il en résulte l'usure de notre être ou la destruction de certaines parties de l'organisme animal ; de là, la nécessité de réparer les pertes continuelles qui se font, tant par les exhalaisons pulmonaires que par les cutanées, et par les sécrétions et les déjections intestinales, etc. La désagrégation, l'usure de notre individu est d'autant plus grande que le travail que nous exécutons est plus actif et plus prolongé. Pour réparer les pertes résultant de l'activité de la vie et de celle du travail, et pour entretenir la vie, la force et la santé, nous devons trouver dans nos aliments les mêmes substances que celles que nous avons perdues. C'est pourquoi nos aliments doivent contenir tous les matériaux qui entrent dans notre constitution, et dans des proportions les plus convenables. Il nous faut des matières plastiques ou azotées, que nous ne trouvons en suffisante quantité que dans la viande ou dans les autres substances animales, pour réparer les organes usés par leur fonctionnement ; si nous n'avons pas atteint l'âge adulte, il nous faut plus de ces matières plastiques ou quaternaires pour satisfaire les exigences de notre accroissement.

Il nous faut, en outre, pour maintenir la chaleur de notre corps à 37° centigrades, des substances grasses, sucrées, gommeuses ou amilacées qu'on nomme pour cette raison matières combustibles ou ternaires que l'homme trouve en partie dans la viande, dans les fruits et dans les graines dont le pain provient, et dans les légumes, tels que les tiges, les feuilles et les racines, qui ne doivent entrer dans son alimentation que comme accessoire, pour lester son estomac, et qui malheureusement sont la base ou le principal aliment des deshérités de la fortune, en France, où la production de la viande fait encore défaut ainsi que la production des diverses substances animales qui pourraient y suppléer jusqu'à un certain point, comme l'a dit M. Tardieu.

Quelle est la cause de cette pénurie de l'aliment, qui est la source féconde de la force et de la santé? C'est la concurrence industrielle qui, en accélérant l'activité au travail, a fait croître en même temps nos besoins en viande, quand la production est restée stationnaire en France, comme on le verra dans la suite par les chiffres des divers recensements de notre bétail, nous oblige de recourir tous les ans à nos voisins pour nous procurer cet aliment important pour l'existence.

On a peine à croire que la France, le pays le plus favorisé des États du continent européen par sa grande étendue territoriale, en grande partie bordée par les mers qui modifient avantageusement son climat en le rendant moins rigoureux l'hiver et plus frais l'été que dans les parties centrales du continent, par son beau climat qui est propice à toute espèce de culture, et qui est surtout très-favorable à celle des céréales; par la qualité de son sol, généralement facile à cultiver, qualité qui n'est point inférieure, si on en excepte toutefois celui de la Russie méridionale, à celui des autres pays de l'Europe; par ses faciles débouchés; enfin par son intelligente, laborieuse et industrieuse population. On a peine à croire, disons-nous, qu'avec tous ces avantages et ses 20 millions de cultivateurs, y compris leurs familles, que la France donne tous les ans à ses voisins des sommes énormes qui atteignent parfois le chiffre fabuleux de 1 milliard de francs (voy. partie offic., p. 1040-1869-1873 et 1874) pour nourrir ses enfants.

Mais là ne s'arrête pas, malheureusement, tout le mal dû à l'ignorance de nos cultivateurs, car on voit s'accroître chaque année, en même temps que le prix de la viande, le nombre des crimes tant sur les personnes que sur les propriétés (voy. *Mon.* de 1856, p. 557, partie offic.), et avec lui celui des indigents (voy. p. CXLII de la même feuille, année 1867).

La viande et le pain paraissent être les régulateurs du prix des autres denrées alimentaires ; la viande, dont le prix élevé la rend inabordable aux petites bourses qui s'en privent, ce qui produit un affaiblissement dans la constitution des sujets appartenant aux classes deshéritées de la fortune, qui est confirmé par l'exposé des motifs d'un projet de loi sur l'armée, etc., etc., où il est dit que, pour obtenir le contingent fixé à 100.000 hommes, les conseils de révision examinent jusqu'à 205.000 jeunes gens pour trouver ce nombre, malgré l'abaissement de la taille. De ce chiffre, 2.000 hommes environ sont exemptés comme soutiens de famille (*Mon.* du 8 mars 1867).

Une autre calamité, non moins grande que la précédente, qu'elle accompagne, et qui est produite par la même cause, c'est l'infécondité de ceux qui ne peuvent échapper à cette cause fatale.

Dans un ouvrage présenté en 1868 au Parlement anglais, par le ministre du commerce, nous trouvons que dans le Wurtemberg il y avait une naissance sur 23 habitants ; en Prusse, une naissance sur 24 ; en Autriche une naissance sur 25 ; en Espagne, en Angleterre et en Italie, etc., etc., on comptait une naissance sur 26 habitants, et en France, nous avons peine à le dire, une naissance sur 38 habitants.

M. Loiset s'est attaché à démontrer, dans la statistique de Lille, que les variations de la consommation de la viande se lient intimement avec les mouvements de la population ; qu'un affaiblissement du régime animal se traduit toujours par un accroissement dans la mortalité, tandis qu'inversement la richesse du même régime entraîne constamment à sa suite l'augmentation des nouveau-nés et la diminution des décès.

L'enquête législative de 1851 ne confirme-t-elle pas ce fait? où il est rapporté que : « quand la consommation de viande diminue, la *mortalité s'accroît dans une proportion analogue.* » Enfin, un contrôle impartial, s'il nous est permis de nous exprimer ainsi, vient dissiper tous les doutes qui pourraient exister à ce sujet; le recensement de la population française de 1856 accuse un département en décroissance de 35.072 habitants; celui de 1861 nous apprend qu'il y a 22 départements en décroissance; celui de 1866 donne 31 départements en décroissance ; enfin, celui de 1872 accuse 14 départements en progrès et 73 en décroissance. Si nous comparons les chiffres de la population française d'après le recensement de 1866 avec ceux du recensement fait en 1872, on voit qu'elle était pour le territoire actuel de :

	36,469,866 âmes en 1866
	36,102,921 — 1872
C'est donc une diminution de....	366,945 âmes.

Ainsi, tandis que les autres populations de l'Europe croissent en force et en nombre, c'est l'inverse qui se produit en France pour l'un et pour l'autre de ces deux cas. En voici deux exemples empruntés aux nations qui nous touchent et qui doit nous faire ouvrir les yeux : l'Allemagne, sous le rapport de nos possessions de l'Est, et l'Angleterre sous celui des produits fabriqués par l'industrie.

Les statistiques officielles de la population du royaume de Prusse donnent :

En 1814 : 10,349,091 individus.
En 1867 : 19,672,210 —

L'accroissement de la population des anciennes provinces de la monarchie prussienne a presque doublé dans l'espace de 53 ans.

Si nous examinons les statistiques de la population humaine de la Grande-Bretagne, nous voyons qu'elle était de :

10,919,433 âmes en 1801
20,068,226 — 1861

sans compter les nombreux émigrants qui quittent chaque année ces deux pays. La population des autres États de l'Europe croît à peu près dans les mêmes proportions que celle de la Prusse.

Or, quand les autres peuples de l'Europe croissent d'une manière incessante en force et en nombre, les Français vont dans un sens contraire, avec une population agricole plus nombreuse.

Le dénombrement de la population française, statistique de 1861, se répartit de la manière suivante :

Manufacturiers	2,094,371
Artisans	7,810,144
Professions libérales	3,991,026
Domestiques	753,505
Divers	780,486

13.895.541 personnes (y compris leurs familles) qui, en attirant l'or étranger, font la richesse du pays.

Cultivateurs propriétaires	7,159,284
Fermiers	2,588,311
Métayers	1,412,037
Journaliers	6,122,749
Domestiques	2,748,263
Bucherons	320,986

20.351.628 personnes (y compris leurs familles), qui sont occupées à faire produire la terre, et que leur ignorance des principes de leur beau métier rend incapables de nourrir la nation; l'oblige de *porter son or à l'étranger* pour se procurer les aliments indispensables à son existence.

Le recensement opéré en Angleterre en 1861 porte la totalité de la population de la Grande-Bretagne à 20.068.226 habitants; dans ce nombre on compte 1.924.110 cultivateurs, tant maîtres que serviteurs qui, sur une étendue territoriale un peu plus de la moitié moins grande que celle de la France, produisent plus de viande et plus de lait que n'en produisent les cultivateurs français. Un de nos législateurs attribuait cette supériorité des cultivateurs anglais à la grande culture qui est unique dans ce pays. Il n'en est rien. La Belgique, qui compte peu de grande culture, nous en fournit un exemple.

Dans l'ouvrage déjà cité, présenté au Parlement anglais par le ministre du commerce, nous voyons qu'il y avait dans la France en 1866 cent quatre-vingt-trois habitants par chaque mille carré (3 milles d'Angleterre font un peu plus d'une lieue de France), tandis qu'il y en avait en Belgique quatre cent quarante-deux en 1865 pour chaque mille carré. D'après des documents de la douane, cette population de la Belgique, qui est près de trois fois plus dense que celle de la France, nous envoie annuellement, en chiffres ronds, en moyenne, (voy. *Journ. offic.* 24 janvier 1869), 70.000 têtes de bétail, bêtes à cornes et cochons, très-peu de moutons, ces animaux étant peu nombreux dans ce pays, avec des quantités considérables de viande fraîche et salée. La culture de la Belgique est portée à un si haut degré de perfection que les terres sont louées dans ce pays aussi cher qu'elles sont vendues en France. Le fait suivant en donnera une juste idée.

Sous le règne de Léopold Ier, une grande étendue d'un sable stérile, située sur les confins de la Hollande, fut mise en culture par des Belges malheureux. Le gouvernement belge, avec l'approbation des chambres, fit construire des habitations pour loger chaque famille et leur vache, car il leur fut donné une vache et, suivant la force de la famille, 4 ou 6 hectares de terre avec les instruments nécessaires pour cultiver, des semences et une petite brochure leur indiquant ce qu'ils devaient faire pour réussir; on leur donnait en outre des vivres pour eux et leur vache jusqu'à leur première récolte. Cette terre naguère stérile est aujourd'hui la plus fertile de toutes celles de l'Europe, car les vaches qui l'habitent donnent le plus grand rendement en lait qu'il soit possible d'obtenir : 5.292 litres de lait en moyenne par an (voy. le rend. de nos vaches et celui des vaches des autres États de l'Europe, p. 122).

On peut donc raisonnablement préjuger par ce qui précède que, si les cultivateurs belges, qui marchent dans la voie du progrès, étaient chargés de cultiver le territoire français, ils feraient produire à son sol quatre fois plus qu'il ne produit actuellement, tout en accroissant constamment sa fertilité.

Les cultivateurs des autres États de l'Europe marchent également dans la voie du progrès, en substituant les races précoces, dont la viande tendre et savoureuse a atteint une parfaite maturité à 2 ans et demi pour l'espèce bovine, à 12 mois pour les espèces ovine et porcine, la première en donnant de 68 à 70 0[0 de viande à la consommation avec de petits os; quand les meilleures bêtes de nos races tardives n'arrivent à l'abattoir qu'à 7 ans en moyenne, en rendant de 55 à 56 0[0 de viande, moins tendre et moins savoureuse, à la consommation, avec de gros os et un poids vif inférieur à celui des bêtes hâtives, qui sont abattues en moyenne à 3 ans. Il n'y a que les cultivateurs français qui restent stationnaires, si on en excepte toutefois quelques centaines d'hommes intelligents et instruits qui, marchant résolument dans cette voie, produisent deux bœufs, deux moutons, deux cochons, avec 30, 40 et même 45 hectolitres de blé à l'hectare, tout en accroissant la fertilité du sol qu'ils cultivent, quand les routiniers ne produisent pas la moitié de toutes ces choses avec leur bétail tardif qui consomme autant de fourrage et qui produit un fumier pauvre en principes fertilisants.

Un nombreux bétail bien nourri étant le signe des progrès de la culture, on pourra juger de ceux de la culture française par les chiffres suivants : D'après le recensement de 1840, on comptait en France 24.840.000 bêtes de l'espèce ovine ; en 1852, ce chiffre s'est abaissé à 24.562.000 têtes ; d'après celui de 1862, on ne compte plus que 24.445.000 ; enfin en 1872 on compte 24.707.000 têtes. Les espèces bovine et porcine ont marché à peu près de paire avec celle ovine.

Ainsi, au lieu de faire des progrès, l'agriculture française se traîne péniblement dans la routine ignorant les principes de son métier.

Nous avons dit que les cultivateurs des autres États de l'Europe marchaient également dans la voie du progrès en substituant le bétail hâtif amélioré par les Anglais à leur bétail tardif peu productif. On peut en juger par ce qui suit :

RÉSULTATS DE L'EXPORTATION DES BESTIAUX DU ROYAUME DU DANEMARK.

La moyenne de cette exportation de 1845 à 1849, comparée à celle de 1868 à 1871, offre les différences suivantes :

	De 1845 à 1849	De 1868 à 1871	augment. p. 100
Chevaux........	9,928	13,883	34 1/2
Bêtes à cornes...	42,966	57,775	34 1/2
Porcs...........	13,000	52,911	400
Moutons........	16,011	39,353	150
Beurre..........	50,000 tonnes	100,000 tonnes	(la tonne de beurre pèse 112 kilog.)

Ces chiffres nous dispensent d'entrer dans les détails des progrès continus accusés par les divers recensements du bétail de ce peuple, qui compte à peine 3 millions d'habitants.

Dans différents États de l'Europe, on s'occupe sérieusement de résoudre le problème de la vie à bon marché; parce que la vie à bon marché permettra de fabriquer les produits industriels à bas prix, afin de gagner l'avantage de la concurrence étrangère. L'Angleterre, qui a l'immense avantage du combustible à très-bas prix, a affranchi les denrées alimentaires de toutes taxes; et les compagnies de transports, par patriotisme, transportent tous ces objets à des prix excessivement réduits.

En France, malgré les impôts écrasants qui frappent nos industriels, impôts que nous devons aux guerres de l'empire, on ne fait rien de tout cela : on néglige le principal de la vie pour ne s'occuper que de l'accessoire. Toutefois, après nous être assuré de notre véritable position en économie du bétail, et après avoir visité un très-grand nombre de fermiers, de petits cultivateurs, de journaliers, etc., etc., tant en Normandie et en Champagne qu'en Bourgogne, en Brie et en Beauce, notre impression fut telle que, sans compter notre bourse, nous nous sommes mis à l'œuvre, utilisant également nos connaissances agricoles et celles mycologiques, pour tâcher de résoudre ce problème de la vie à bon marché, qui n'est point aussi difficile à résoudre qu'on pourrait le supposer, la production du bétail en Angleterre suffit pour le prouver.

Pour atteindre ce résultat de la vie à bon marché qui, en France, pourrait être obtenu plus aisément que partout ailleurs, il faudrait que chacun s'imposât un léger sacrifice dont il serait largement compensé par la suite, en faisant connaître à ceux qui s'occupent de culture les avantages qu'ils peuvent retirer de la substitution dans leur exploitation des races précoces aux races tardives, qui sont généralement d'un poids inférieur et qui demandent plus du double de temps pour atteindre la maturité de leur viande (pour connaître ces avantages voyez la table des matières), en leur indiquant en même temps les modes d'élevage mis en pratique dans les autres pays, pour approcher aussi près que possible de la perfection, car les cultivateurs français qui veulent améliorer leur bétail le font sans savoir où ils vont, sans but défini, bien arrêté ; c'est pourquoi ils n'obtiennent aucun succès.

En 1801, en Angleterre, où les personnes de toutes classes sont animées d'un admirable sentiment d'amour de la patrie, des gens de ce pays achetèrent, à des prix fort élevés, de Charles et Robert Collings, un bœuf nommé Durham et une vache, l'un et l'autre approchant du type de la perfection comme animaux de boucherie ; ils furent promenés en voiture pendant six années consécutives par toute l'Angleterre, afin de servir de modèle aux éleveurs, et de les engager à les imiter.

A partir de ce moment, les riches propriétaires de l'Angleterre qui comprennent bien leurs intérêts, achètent à des prix fabuleux des animaux perfectionnés pour la boucherie, qu'ils mettent dans leur parc pour servir de modèle aux cultivateurs de leur contrée. Les résultats de ces sortes d'exhibitions furent couronnés d'un plein succès : la production de la viande et celle du blé qui en est la conséquence ont été plus que doublées, tout en accroissant la fertilité du sol et en vendant aux peuples civilisés, de toutes les parties du globe, des reproducteurs de leurs races améliorées dans ce but.

Comme nous pourrions obtenir en France un succès plus prompt et aussi complet en accroissant la fertilité du sol de notre pays, nous avons fait dessiner à grands frais, pour les écoles communales et pour les salles des mairies, des animaux perfectionnés pour la boucherie, qui furent primés dans les concours publics en Angleterre et en France, pour servir de modèles aux cultivateurs français. C'est le plus sûr moyen à employer pour les décider à abandonner la routine, pour résoudre le problème de la vie à bon marché, et pour réduire considérablement le nombre des indigents qui a grandi d'une manière effroyable ; le fumier des bêtes précoces bien nourries étant supérieur en principes fertilisants à celui des bêtes tardives fera produire d'abondantes récoltes de blé.

Les propriétaires de biens territoriaux, les commerçants, les artisans, les industriels, etc., etc., sont particulièrement intéressés à propager les bonnes méthodes d'élevage ; les petits sacrifices qu'ils feront pour cela seront pour eux de l'argent bien placé.

Aux personnes dont la position ou la fortune permet d'encourager des publications aussi désintéressées que celles-ci, la reconnaissance publique leur sera acquise.

CATÉCHISME DE L'ÉLEVEUR

D. Quelle est la signification du mot zootechnie qu'on voit dans les livres d'agriculture?

R. Le mot zootechnie (dérive des mots grecs : ζῶον, animal, et τέχνη , art. science). La zootechnie est la science de l'économie du bétail, c'est-à-dire de l'exploitation des animaux domestiques par l'industrie agricole.

L'espèce.

D. Dites-nous ce qu'on entend par espèce?

R. L'espèce est un grand groupe d'animaux qui se ressemblent par un ensemble de qualités qui leur sont propres; telles que la forme, la taille, le volume, le caractère et les goûts. C'est l'ensemble de ces caractères communs qui se transmettent de génération en génération par voie d'hérédité des parents à leurs produits, qui sont indéfiniment féconds, qui forment l'espèce.

D. Combien compte-t-on d'espèces différentes en agriculture?

R. On compte en agriculture six espèces différentes, non compris les animaux de basse-cour.

D. Nommez-les?

R. 1° le cheval et la jument, qui font partie de l'espèce chevaline;

2° Le baudet et l'ânesse, qui appartiennent à l'espèce asine;

3° Le taureau et la vache, qui font partie de l'espèce bovine;

4° Le bélier et la brebis, qui appartiennent à l'espèce ovine;

5° Le bouc et la chèvre, qui font partie de l'espèce caprine;

6° Le verrat et la truie, qui appartiennent à l'espèce porcine.

D. Le baudet, uni à la jument, donnent-ils des produits?

R. Oui, mais ces produits de l'union d'animaux et de végétaux de deux espèces différentes sont inféconds.

D. Comment appelle-t-on les produits de deux espèces différentes?

R. On les nomme hybrides dans les animaux et dans les plantes.

D. Quel nom donne-t-on au produit de l'alliance du baudet avec la jument; et celui du cheval avec l'ânesse?

R. On nomme le produit de l'union du baudet avec la jument : mulet, et celui du cheval avec l'ânesse : bardeau.

D. Les mulets et les bardeaux sont-ils féconds?

R. Comme ils descendent de deux espèces différentes, quoique très-bien conformés, ils sont inféconds.

De la race.

D. Que veut dire le mot race?

R. On entend par une race, une variété constante d'une espèce animale qui conserve en elle-même un ensemble de conformation et d'aptitudes qui lui sont propres, ce qui la distingue des autres races et qui se transmet de génération en génération à tous ses descendants.

D. Qu'est-ce qu'une race pure?

R. Une race pure est celle qui n'a pas un atome de sang d'une race étrangère et dont le caractère et les aptitudes se transmettent des parents aux enfants sans rien perdre des qualités qui lui sont propres. Ce sont ces qualités de fixité qui constituent une race.

D. Quelles sont les causes qui ont contribué à la formation des races d'animaux domestiques ?

R. On distingue deux sortes de causes qui ont agi sur la formation des races. Les unes sont naturelles et les autres artificielles. Les causes naturelles sont les moyens que la nature met en jeu pour modifier les races et que l'éleveur doit mettre à profit en l'aidant, pour atteindre la perfection au plus haut degré possible. Les causes artificielles ou industrielles sont celles où le génie de l'homme s'attache à les perfectionner en vue de ses besoins. Mais ces modifications ne peuvent atteindre que la force, la densité, la quantité et la qualité des différents tissus ou la structure des organes ; la précocité, le tempérament et toutes les aptitudes particulières dont ils peuvent être doués ; enfin, tout ce qui peut se modifier par la nutrition et par la reproduction ; mais l'homme ne peut rien faire au delà.

D. Qu'entend-on par tempérament en zootechnie?

R. Le tempérament est le résultat dont sont aptes les animaux, soit pour donner du lait, soit pour produire de la viande, de la force ou de la laine fine. L'éleveur peut exercer une influence puissante sur la marche du développement de ces qualités dans l'amélioration des races.

D. Par quels moyens ?

R. D'abord, un bon appareillement des deux reproducteurs; ensuite, une alimentation abondante, constante et de bonne qualité, sont les conditions nécessaires pour réussir dans cette opération, surtout pour les deux premiers produits, c'est-à-dire le lait et la viande ; une alimentation tantôt abondante et bonne, tantôt insuffisante ou de mauvaise qualité, ne produirait jamais un bon effet dans la formation ou l'amélioration des races.

Le climat.

D. Qu'est-ce qu'on entend par climat?

R. On entend par climat, la température froide ou chaude, humide ou sèche.

D. L'action du climat est-elle bien marquée sur les modifications des races d'animaux domestiques?

R. L'action du climat sur les animaux domestiques est excessivement faible, il paraît même que cette action n'agit pas sur eux; mais elle agit d'une manière bien marquée sur la végétation ou la production des plantes fourragères.

D. Le climat n'est donc pas un obstacle à l'introduction d'une race étrangère améliorée dans une localité?

R. Nullement, pourvu toutefois que la température ne soit pas excessive, et que les conditions alimentaires ne soient pas inférieures à celles du pays qu'elle quitte.

D. Les diverses espèces d'animaux domestiques peuvent donc être transportées dans tous les climats non excessifs?

R. Oui, nous avons de nombreux exemples de ces transports d'animaux d'un pays dans un autre sans que le climat ait nui aux qualités de la race. Dans l'espèce bovine, nous voyons les races très-laitières de la Hollande et de la Suisse transportées dans d'autres pays sans qu'elles aient perdu de leur caractère; et les races de Durham et d'Hereford, races de boucherie par excellence, transportées sur tous les points de l'Europe et même jusqu'en Amérique et en Australie, sans qu'elles se soient ressenties de ces changements d'une manière appréciable, puisqu'on vient journellement de ces pays pour en chercher d'autres.

Nous voyons également dans l'espèce ovine la race des moutons mérinos qui, elle aussi, a été transportée de l'Espagne dans Allemagne du Nord et sur tous les points du globe, sans que sa laine ait perdu de ses qualités toutes les fois qu'elle a été maintenue dans des conditions alimentaires favorables à sa santé et aux produits qu'on lui demande. Dans la même espèce nous voyons les excellentes races anglaises de Dishley et Southdown répandues sur tous les points de l'Europe sans qu'elles aient perdu de leurs qualités, tant qu'elles ont été mises dans des conditions alimentaires convenables à l'une ou à l'autre race.

Dans l'espèce chevaline la même chose eut lieu pour les chevaux arabes qui ont été transportés sur tous les points de l'Europe, sans qu'ils aient rien perdu de ce qui les caractérise.

Enfin, dans l'espèce porcine, nous voyons que la race chinoise a prospéré partout où elle a été introduite.

D. Lorsque les conditions alimentaires diffèrent de celles du pays où ces diverses races se trouvaient, qu'arrive-t-il?

R. Il arrive que, dès qu'on modifie l'alimentation on modifie la race, qui restera ce qu'elle est tant qu'on la maintiendra dans des conditions d'alimentation où elle se trouvait avant son introduction dans le pays ou dans le domaine; car si on introduit une race améliorée dans un pays ou dans un domaine moins riche en ressources fourragères que celui qu'elle quitte, elle dépérira, elle perdra de ses qualités ou de son caractère.

C'est par l'alimentation que les causes climatériques agissent sur l'animal. La terre produira tel ou tel fourrage en plus ou moins grande abondance suivant la douceur du climat ou la richesse du sol.

D. L'homme n'a-t-il pas les moyens de modifier les causes de sécheresse ou de trop grande humidité?

R. Oui assurément, il peut modifier la trop grande humidité par le drainage ou le desséchement, en perçant un puits absorbant dans la partie la plus basse de son champ s'il manque de moyens d'écoulement; et la sécheresse par les irrigations qui ne peuvent être faites que dans le voisinage des cours d'eau. Mais il remédie à cet inconvénient de l'absence de cours d'eau à l'aide d'un nombreux bétail bien nourri, fumant fortement une moindre étendue en culture, il mettra ainsi ses récoltes à l'abri des influences fâcheuses que la sécheresse exerce sur elles; les sols gras ou bien fumés, produisent toujours une luxuriante végétation qui n'a rien à redouter de la sécheresse. Ses frais de culture seront amoindris et sa récolte sera beaucoup plus rémunératrice que s'il avait étendu son engrais sur une grande surface qui serait peu fumée.

Caractère type de l'animal de boucherie.

D. Qu'entend-on par caractère en physiologie?

R. On entend par caractère l'ensemble des phénomènes de la vie qui correspond au mot nutrition, c'est-à-dire la digestion, l'absorption, la circulation et l'assimilation.

Conformation la meilleure, de l'animal de boucherie, des espèces ovine et bovine.

D. Quelle est la meilleure conformation d'un animal de boucherie?

R. L'animal le plus parfait pour la boucherie sera celui qui donnera la plus grande masse de chair musculaire de la meilleure qualité, en dépensant le moins possible.

D. Où sont placées les chairs musculaires de qualité supérieure?

R. Elles sont toujours placées à l'arrière-main de l'animal, ce qui comprend toute la moitié postérieure de son corps.

D. Dites-nous où est située la seconde qualité?

R. La seconde qualité de la chair musculaire d'un animal est placée dans l'épaule et dans le bras.

D. Y a-t-il des morceaux de moins bonne qualité que ceux de l'épaule et du bras?

R. Oui, il y a une troisième qualité de viande, dans la tête, le cou, la queue et les parties inférieures des membres. C'est pourquoi l'animal le plus parfait pour la boucherie sera celui qui aura un tronc très-développé avec un arrière-main très-volumineux et les extrémités fines, réduites.

D. Dites-nous comment doit être la forme du corps d'un animal de boucherie?

R. La forme la plus parfaite du corps de l'animal de boucherie est celle qui s'approche le plus d'un parallélipipède, c'est celle de l'animal qui remplit le plus complètement un rectangle allongé vu de tous les côtés.

Il faut que les faces latérales, avec les parties antérieure et postérieure et les faces supérieure et inférieure forment un carré allongé. C'est la figure géométrique indiquée et suivie par les éleveurs anglais.

Il faut que toute la charpente osseuse soit réduite ou peu développée relativement aux parties musculaires. On doit favoriser et exagérer le développement des systèmes cellulaire et musculaire; on doit favoriser le développement des parties du corps où les muscles peuvent prendre le plus d'épaisseur, afin d'avoir plus de viande de bonne qualité.

La colonne vertébrale doit être droite dans toute la longueur du tronc, sa rigidité est un signe de force et d'une bonne organisation de l'animal, il faut que le dos de l'animal forme une table longue et le plus carrée possible; les hanches hautes et le plus écartées possibles l'une de l'autre.

L'ampleur considérable de la poitrine est un caractère

fondamental au point de vue physiologique, surtout pour l'animal de boucherie; car c'est le signe qui indique un bon utilisateur de l'aliment, outre qu'elle favorise les mouvements de la respiration; parce que les graisses qui font saillie à la face interne des parties du corps : sur le cœur, sur les séreuses, sur les viscères abdominaux, diminuent d'autant les cavités thoracique et abdominale et empêchent les mouvements du diaphragme, qui ne peut alors accomplir complètement ses fonctions mécaniques si favorables à la respiration, ce qui gêne et fatigue l'animal. C'est pourquoi l'animal qui a une large poitrine est moins gêné dans l'acte de la respiration que celui qui a une poitrine étroite; et sa digestion n'a point à en souffrir.

Cette conformation favorise l'engraissement et prévient les dangers qui pourraient survenir par une congestion qui compromettrait l'existence de l'animal. Les organes de la digestion chez les individus à large poitrine, étant très-développés, ils ont une action plus puissante qui favorise d'autant l'accroissement des autres parties de l'animal.

La quantité d'air qui entre dans les poumons dépend de la taille et de l'activité des mouvements de l'animal et non de l'étendue de la poitrine. Ainsi, un animal qui dépenserait, dans un temps donné, un plus grand volume d'air qu'un autre animal dans le même temps, serait certainement inférieur à celui qui en détruirait moins, parce que les parties de l'aliment qui sont destinées à fabriquer de la graisse étant brûlées par l'oxygène de l'air seraient conséquemment perdues pour l'engraisseur. De plus, il a été confirmé aux abattoirs de Paris, par un très-grand nombre de pesées, que le poids des poumons des animaux à large poitrine était toujours de beaucoup inférieur à celui des animaux haut montés sur jambes avec une poitrine étroite.

Le sternum doit être large, avancé, chargé de fibres musculaires et le plus descendu possible, formant avec la face inférieure du ventre, une ligne droite, parallèle à la ligne dorsale. Le corps de l'animal doit former un carré allongé le plus large possible, surtout dans l'arrière-main ou la culotte, les cuisses volumineuses de niveau avec le dos supérieurement et bien descendues jusqu'au jarret qui doit être très-court. Cette partie de l'animal doit prendre le développement le plus considérable en partant de la pointe de la hanche à l'épine dorsale le plus distancé possible; c'est-à-dire que les hanches doivent être écartées l'une de l'autre le plus possible; la ligne partant de la partie supérieure et postérieure à la pointe du jarret, le plus droit possible; la région des reins le plus large ou le plus ample possible; plus les reins sont épais dans cette région plus aussi les muscles y sont développés; cette partie doit s'unir avec le thorax (la poitrine) et les cuisses sans transition possible, plus les côtes sont couvertes, moins l'animal est sanglé, et plus il réunira des qualités typiques de l'animal de boucherie.

La largeur de l'avant-main ou la cavité thoracique bien développée, doit correspondre à celle de l'arrière-main. Les épaules doivent être attachées au corps avec des muscles le plus épais possible en descendant aux genoux comme ceux de l'arrière-main, ils doivent descendre le plus bas possible près de l'articulation. Il faut que les lignes de travers soient le plus longues possible; plus les deux pointes du jarret s'éloigneront l'une de l'autre, plus l'animal prendra de l'ampleur en tous sens, tout en favorisant le plus possible le développement de l'arrière-main.

Le système musculaire étant devenu prépondérant, subordonne les systèmes osseux et cutané, c'est pourquoi toutes les extrémités de l'animal sont réduites minces, effilées.

La tête de l'animal doit être petite et fine, le col fin et mince vers la tête, s'élargissant de plus en plus en s'approchant du tronc. Les muscles de ces parties, minces, peu développés, étant de qualité inférieure, de même que ceux du falon, plus ces parties sont réduites, plus les autres parties prennent d'ampleur.

La queue doit être très-large à son point d'attache au corps et très-fine, très-déliée dans le reste de son étendue.

Les membres doivent être courts, larges supérieurement ou à leur union au corps, fins ou le moins développés possible à leurs extrémités libres ou inférieures avec le plus grand écartement possible les uns des autres, tant dans l'avant-main que dans l'arrière-main.

La peau, dont la connaissance n'est pas sans importance, doit être fine, ou avec une certaine épaisseur, pourvu, toutefois, qu'elle ne soit pas sèche; elle doit être souple, douce, moelleuse au toucher, circonscrivant bien le corps de l'animal, élastique, roulante, se détachant bien des parties sous-jacentes; lorsqu'on la tire avec la main et qu'on l'abandonne ensuite à elle-même, elle doit reprendre promptement sa position première. Lorsqu'elle se détache facilement du corps en la tirant avec la main, c'est l'indice d'un tissu cellulaire bien développé; ceci est très-favorable à l'engraissement.

Les cornes fines, minces, luisantes, translucides ou demi-transparentes, et peu développées, les poils et les crins fins, doux, soyeux, brillants; le pied moyen ou petit, les sabots ou les ongles fins.

Le squelette le plus réduit possible, ce qui se traduit par la finesse de la tête et par celle des extrémités des membres qui sont fins et effilés. Cet amoindrissement du système osseux est très-favorable pour la consommation de la viande.

Plus les parties qui ne servent point à l'alimentation de l'homme sont réduites, plus les masses musculaires prennent de développement.

D. A quoi reconnaît-on qu'un animal a une forte charpente osseuse?

R. L'animal qui a une forte charpente osseuse a une grosse tête, des membres épais et longs avec de longs jarrets. Ces animaux sont très-avantageusement conformés pour le travail; mais ce sont de mauvaises bêtes de boucherie. C'est pourquoi il est très-important de spécialiser.

D. Comment reconnaît-on un animal qui fait un mauvais usage de ses aliments?

R. On le reconnaît à la colonne dorsale qui est fléchie, son falon est développé, ses cornes sont grandes et grossières, sa peau est dure, cornée, épaisse et sèche, formant des plis; ses sabots sont durs et grossiers. C'est un mauvais animal de boucherie, c'est même un mauvais serviteur quel que soit le service qu'on lui demande.

D. Comment agit la nature dans les premiers temps de la vie?

R. Au début de la vie, la nature favorise le développement du tronc, si on fournit à l'animal les matériaux qui lui sont nécessaires pour accomplir ce travail, il prend un développement considérable; ensuite ce sont les extrémités qui se développent.

D. Il est donc bien important de bien nourrir les animaux quand ils sont jeunes?

R. C'est de la plus grande importance si on veut en retirer un bon profit. Alors, dès la naissance du jeune animal, on le nourrit abondamment et d'une manière constante et on le tient au repos. On obtient ainsi un développement considérable des muscles et du tissu cellulaire du tronc, ce qui est extrêmement favorable pour obtenir un prompt engraissement.

On doit donc favoriser ce développement par une alimentation convenable, facile à digérer et facilement assimilable, dans les premiers temps de la vie de l'animal, pour être certain d'obtenir de bons résultats.

Lorsque la vie est concentrée sur un point quelconque d'un animal ou d'un arbre, elle faiblit d'autant sur les autres points de l'organisme de ces êtres vivants, de sorte que cette partie croît aux dépens des autres; plus la vie est appelée sur ce point, moins elle l'est dans les autres parties de l'animal ou de la plante. Les arbres, dans nos jardins, nous en fournissent fréquemment des exemples; ne voyons-nous pas souvent des branches qu'on nomme vulgairement gourmandes, s'emparer d'une grande partie de la séve du végétal au grand détriment des autres branches; c'est exactement la même chose qui se passe chez les animaux, lorsque l'homme favorise ce développement. Quand cette activité est portée sur les fonctions digestives, les fonctions locomotrices diminuent, il en est de même pour toutes les autres fonctions, c'est ce que l'éleveur intelligent doit savoir mettre à profit. Il peut par ce moyen faire développer les membres, s'il veut des animaux de travail; mais alors il diminue la production en viande.

Les espèces domestiques jeunes, sont seules douées de cette souplesse qui permet de les modifier dans de certains intérêts, de manière à former des races. Les organes de la reproduction viennent ensuite entretenir et perpétuer de génération en génération les qualités acquises en aptitudes et en conformation.

Or, les masses musculaires ayant pris un développement considérable, subordonnent ensuite les autres parties de l'économie animale qui sont pour cette raison réduites, telles sont : les os et par conséquent la tête, le cou, la queue, les parties inférieures des membres ; la peau, les cornes, les sabots, etc.; qui paraissent délaissés ou prendre fort peu part au travail d'assimilation des matériaux fournis par l'aliment.

D. Les animaux mal nourris dans leur jeune âge arrivent-ils promptement au terme de leur croissance ?

R. Les animaux mal nourris dans leur jeunesse croissent lentement et arrivent tardivement à leur maturité, c'est-à-dire à l'âge adulte ; quand même ils seraient mis ensuite dans de bons pâturages. Ces animaux ont une forte ossature, leurs extrémités sont très-développées, ils sont sobres, rustiques, très-bons pour le travail, très-difficiles à engraisser, quoiqu'ils consomment beaucoup de fourrage ; et ils n'arrivent jamais à l'abattoir avant sept ou huit ans. Ils donnent 54, 55 ou 56 pour 100 de viande à la consommation ou aux 4 quartiers ; ce sont de très-mauvais utilisateurs de la ration et de mauvais animaux pour la boucherie.

D. Quel est l'animal supérieur pour la boucherie ?

R. C'est celui qui s'assimile le mieux tout ce qu'il y a de nutritif dans ses aliments ; c'est celui qui donne le poids le plus élevé de viande de première qualité ; c'est celui qui atteint plus tôt sa maturité ; cet animal-là doit être préféré à celui qui n'y arrive qu'à 5 ou 6 ans ; c'est celui qui donne un plus grand rendement en viande d'après le rapport du poids net au poids vif qu'il faudra prendre en considération. En voici un exemple : un animal qui pèserait 800 kilogr. et qui rendrait 430 kilogr. de viande à la cheville, serait inférieur à un animal qui, pour le même poids vif de 800 k., donnerait 500 kilogr. de viande aux 4 quartiers.

La valeur du poids net au poids vif exprime la valeur de

l'animal comme consommateur de la ration. Donc, le meilleur animal de boucherie sera celui qui produira moins d'abats et moins d'issues; et qui utilisera davantage ses aliments à faire de la viande au poids net; il sera supérieur au premier, non-seulement comme bon assimilateur du contenu de la ration, non-seulement comme donnant plus de viande à la cheville, mais aussi par les qualités bien supérieures de sa viande.

Ainsi, un animal qui arrivera à maturité à trois ans et qui donnera 68, 70 ou 72 pour 100 de viande aux 4 quartiers, devra être préféré à celui qui n'y arrivera qu'à six ou huit ans en ne rendant que 54, 55 ou 56 pour 100 de viande à la cheville. Plus le rapport entre le poids net et le poids vif est grand, plus l'animal est parfait, les conditions de précocité étant remplies. Car, la précocité est un des principaux caractères des bonnes bêtes de boucherie, étant exclusivement destinées à la nourriture de l'homme.

D. Doit-on préférer les animaux de grande taille à ceux de petite taille ?

R. Il ne faut pas s'attacher aux animaux de grande taille, parce qu'ils ont en général des os plus volumineux que ceux dont le ventre s'approche de terre; ceux-ci sont roulés, dans l'espèce porcine; ils sont très-carrés dans les espèces ovine et bovine; ils sont très-compacts, très-chargés de chair musculaire; ce sont ces derniers qui doivent être préférés.

Antécédents de la race.

D. Est-il nécessaire de connaître les antécédents de la race ?

R. Pour bien apprécier la valeur d'un reproducteur, en vue d'un service particulier quel qu'il soit, il faut avant tout interroger les antécédents de l'animal dans les générations qui l'ont précédé. On doit donc s'appliquer à savoir quelle a été la valeur de ses ancêtres, et depuis combien de générations la race possède ses qualités.

La connaissance de la généalogie des reproducteurs est une chose assez importante pour être prise en considération, et ne doit pas être négligée pour choisir un animal, plutôt que par les signes extérieurs de cet animal. On doit aussi consulter la valeur et les antécédents de l'individu, quoique moins importants que ceux de ses ascendants, parce que toutes leurs qualités, bonnes ou mauvaises, se transmettent aux produits par les ascendants.

Des antécédents de l'animal.

D. On doit donc aussi consulter les antécédents de l'individu. Sur quels points doit-on porter ces recherches ?

R. Les antécédents de l'animal ayant de l'influence sur le parti qu'il peut tirer de sa ration, au sujet de son assimilation, il est bon de savoir comment il a été nourri dans les premiers temps de sa vie, car tout son avenir dépend de la manière dont il a été nourri dans le jeune âge.

Ces précédents consistent dans une grande attention de la meilleure conformation de l'animal, afin qu'il puisse utiliser le plus complètement possible ses aliments, parce qu'il existe des races qui savent bien mieux que d'autres utiliser leurs aliments ; ce sont celles qui ont été bien nourries dans leur jeune âge. L'animal qui aura été convenablement nourri dans les premiers temps de la vie aura un grand développement de la poitrine, avons-nous dit déjà, c'est un signe qui indique une bête qui utilise bien sa ration. En outre, l'aptitude à produire de la viande exclut l'aptitude à produire du travail, de même que l'aptitude à produire du lait exclut l'aptitude au travail, mais les vaches laitières peuvent être améliorées en deux sens différents, au point de vue de la production du lait et à celui de la production de la viande. L'animal perfectionné pour la boucherie ne doit pas, et il ne peut pas travailler, car ses membres ont tout au plus assez de force pour porter le poids de son corps. Il est donc important qu'il arrive à la boucherie comme bœuf fait, le plus promptement possible.

L'élevage du bœuf de travail et celui d'un animal de boucherie sont, comme on a pu le voir, tout à fait différents.

Des différents modes employés dans l'amélioration des diverses races d'animaux domestiques.

D. Quels sont les moyens mis en pratique pour améliorer les différentes races d'animaux employés en agriculture ?

R. On compte trois manières ou modes différents, employés dans l'amélioration des races, ce sont : 1° la sélection ; 2° le croisement (généralement employé en Allemagne) ; 3° le métissage, le plus détestable des moyens (généralement mis en pratique en France), parce qu'il mène souvent à l'inconnu.

Malgré ces bons moyens, toutes les fois qu'on a voulu améliorer une race quelconque, sans avoir un but bien défini, soit par la sélection, soit par le croisement, l'opération a toujours été sans succès.

Dans l'amélioration des races, les qualités essentielles d'une race qu'on veut améliorer doivent toujours primer les accessoires. On doit toujours chercher à augmenter les premières en diminuant les autres. C'est en procédant de cette manière que les Anglais ont créé des races qu'on croirait avoir été jetées toutes dans le même moule. Toutes leurs races des espèces ovine et bovine présentent les mêmes caractères et des formes admirables pour la boucherie, jointes à une grande précocité et à une grande aptitude à l'engraissement.

C'est en spécialisant, c'est-à-dire que c'est en allant vers un seul but à la fois, qu'on est certain de l'atteindre.

L'expérience a prouvé, à nos dépens, que lorsqu'un animal produit des laines fines, il ne peut pas produire de la viande ; de même qu'on ne peut obtenir d'un animal du travail et du lait, ou du travail et de la viande, l'aliment pris par l'animal ne peut pas servir à deux choses à la fois, il ne peut pas donner en même temps du lait et de la force, ou de la viande et de la force qui sont fournis l'un et l'autre par l'aliment. Toutes ces productions s'excluent réciproquement.

Lorsque la race locale est douée de certaines qualités qu'on recherche, on la perfectionne par la sélection. Quand la race est médiocre ou mauvaise, on l'améliore en la faisant disparaître par le croisement. Quant au métissage, c'est une opération trop incertaine, même pour obtenir de bons produits pour la consommation, pour qu'il soit employé.

Importation d'une race étrangère améliorée dans une localité.

D. Peut-on importer en France une race anglaise améliorée ?

R. On peut sans inconvénients importer dans une localité, en France, une race anglaise améliorée. C'est le moyen le plus simple, le plus prompt et aussi un des meilleurs pour obtenir une bonne race. Mais ce moyen est dispendieux, et il est absolument indispensable que la race introduite trouve dans la localité des conditions de nutrition semblables à celles qu'elle recevait dans le milieu où elle a été faite, car un changement qui apporterait avec lui l'insuffisance de l'alimentation exercerait un désordre grave sur les animaux importés, il y aurait certainement dégénérescence. Lorsque les circonstances locales permettent à l'éleveur de leur donner une égale quantité d'aliment, on est sûr de réussir.

D. Comment appelle-t-on cette manière de procéder à la formation d'une race nouvelle dans une localité, et comment opère-t-on ?

R. On appelle cette manière de procéder à la formation d'une race, *faire un troupeau de progression*. On fait alors acquisition d'un mâle qui présente bien tous les caractères de la race qu'on désire se procurer ; et on achète avec lui un certain nombre de femelles, 20 ou 25 si ce sont des brebis ; si ce sont des vaches, 3 ou 4 peuvent suffire. Etant mises dans le troupeau de bêtes communes, elles doivent être l'objet de soins particuliers, et comme on a intérêt à accroître le plus promptement possible le nombre des femelles de la race perfectionnée, on les fait saillir par le mâle de leur famille ou race, après que celui-ci a fait avec d'autres mâles de la race commune la monte du troupeau. Nous rappelons que dans le cas où les circonstances locales seraient différentes de celles où les animaux vivaient avant leur introduction dans le pays, il y aurait affaiblissement de ces nouveau-venus, si toutefois ils étaient épargnés par la mort, et il y aurait dégénérescence de leurs produits, les animaux exigeants ayant la faculté de communiquer leurs exigences à leurs descendants.

Les animaux de grande taille importés dans des pays pauvres en ressources fourragères finiraient par mourir de misère ; les bêtes accoutumées dès leur naissance aux conditions d'existence qui les a faites ce qu'elles sont, c'est-à-dire chétives, donneraient encore quelques produits où les premiers mourraient de faim.

Les moutons anglais, New-Leicester, d'une race très exigeante, ont parfaitement réussi où ils ont été importés en Flandre, en Normandie et en Picardie, parce que les ressources fourragères de ces pays sont à peu près les mêmes que celles du pays qu'ils ont abandonné. Cependant cette race n'a pas réussi dans certaines parties de l'Angleterre, où le climat était absolument le même que celui du pays où elle est élevée, parce que les ressources fourragères ne répondaient pas à ses exigences. C'est aussi ce qui a eu lieu en France partout où on n'a pas pu satisfaire l'appétit de cette admirable race de boucherie.

La race des moutons Southdown, dont les qualités comme animaux de boucherie ne diffèrent pas de celle des moutons New-Leicester, n'est point exigeante. C'est pourquoi elle a également réussi dans tous les domaines où elle a été introduite en France.

Dans l'espèce bovine, la race de Durham, qui exige une abondante alimentation, a aussi parfaitement réussi sur tous les points de la France où on a pu satisfaire son appétit.

Nonobstant ceci, un climat trop chaud a pour effet de faire perdre aux vaches leurs qualités laitières. Il faut alors renouveler le sang, en important des mâles nouveaux pour arrêter la marche rétrograde et conserver la race pure. C'est en agissant de cette manière que les cultivateurs lombards et ceux des différentes provinces du Sud de la France, ont réussi ; les premiers ont recours aux vaches suisses qui sont très-bonnes laitières, meilleures que celles qu'ils pourraient créer. C'est aussi ce qui a eu lieu dans le Sud et le Sud-Ouest de la France pour les vaches bretonnes qui sont également bonnes laitières.

La viande faisant défaut en France, nous oblige de porter annuellement à l'étranger des centaines de millions de francs pour nous en procurer. C'est pourquoi les agriculteurs français ont un très-grand intérêt à introduire dans leurs exploitations les races animales améliorées par les Anglais. C'est ce qu'ont fait les autres peuples de l'Europe, qui envoient leur bétail et leurs viandes fraîches et salées sur nos marchés.

On peut alors importer la race New-Leicester (Dishley), qui est très-exigeante pour la quantité d'aliment, dans les domaines riches en ressources fourragères ; les races Southdown et Cotswold, qui ne sont point exigeantes, dans les domaines de moyenne richesse en fourrage, et les races à Face-Noire et Cheviot, dans ceux qui sont pauvres en ressources fourragères ou en herbages de chétive venue. Quant aux animaux anglais de l'espèce porcine, ils ont parfaitement réussi partout où ils ont été introduits en France.

D. Le bétail anglais est-il difficile pour la nourriture ?

R. Le bétail anglais, quelle qu'en soit l'espèce, n'est point difficile pour sa nourriture ; il mange tout ce qu'on lui donne et il retire de son aliment, mieux que tout autre animal, tout ce que cet aliment contient de nutritif ; on est donc certain de prospérer avec lui, pourvu, toutefois, qu'on satisfasse son appétit.

Lorsqu'on est fixé sur l'espèce de bétail et sur la spéculation à laquelle on désire se livrer, la première condition à remplir c'est de se procurer une race parfaitement appropriée au milieu dans lequel on veut l'introduire.

La sélection.

D. Qu'est-ce qu'on entend par sélection?

R. Le mot sélection signifie choix. La sélection, c'est l'amélioration des races d'animaux domestiques par un choix udicieux des reproducteurs mâles et femelles les plus vigon reux, pris dans la race même qu'on veut améliorer. Il est surtout important de faire un bon choix des reproducteurs mâles, de les prendre parmi ceux qui possèdent le mieux les aptitudes et les qualités qu'on recherche ; si c'est du lait, on le prendra parmi les descendants des meilleures laitières, en ajoutant à ces précautions un régime convenablement approprié ; c'est le moyen certain d'obtenir un plein succès.

La sélection est basée sur trois grands faits : Le premier est de choisir les reproducteurs les mieux conformés par l'ensemble des caractères, de manière à constituer des types d'animaux selon les aptitudes qu'on désire obtenir de leurs produits : lait, viande, laine fine ou travail.

Le second, c'est de faire développer certaines aptitudes en provoquant certains organes ou certaines parties de l'animal au moyen d'un exercice particulier à ces organes.

Le troisième est de mettre en même temps les animaux à un régime convenablement approprié à ce que l'on recherche. Si c'est de la viande ou du lait qu'on demande à ces animaux, il faut leur donner une alimentation constante, bien nourrissante et assez abondante pour faire naître ou développer ces aptitudes. Ce sont là les moyens nécessaires, indispensables même, pour être certain de réussir.

Il peut être avantageux d'améliorer la race locale par la sélection, lorsqu'elle réunit quelques qualités qui se prêtent à son amélioration. C'est d'autant plus facile à un homme intelligent, qu'elle lui permet d'améliorer en même temps sa culture et d'accroître peu à peu les ressources fourragères qui lui sont indispensables, lorsqu'il veut se livrer à l'élevage des animaux domestiques, ce qui lui permet dans l'une et dans l'autre de ces deux opérations d'atteindre un haut degré de perfection.

Améliorer les races locales par la sélection est le moyen le plus rationnel pour se créer d'abondantes ressources fourragères qui deviennent indispensables à l'agriculteur habile qui veut se livrer d'une manière fructueuse à l'élevage du bétail.

Sans doute que l'atavisme suscite un certain obstacle à la marche plus ou moins rapide de l'amélioration, mais on parvient toujours à le surmonter. On marche lentement dans cette opération, mais on va sûrement, car à chaque génération on voit augmenter en même temps que les qualités de la race, celles de la culture qui marche de pair avec le bétail.

La sélection peut changer les formes ou la conformation de l'animal en aidant, en exagérant le travail des forces soumises aux lois de la nature; mais ce changement de forme ou de conformation ne peut se faire, ni dans le nombre des os, ni dans celui des muscles, ni dans le nombre limité des autres organes de l'animal. On peut néanmoins amoindrir certains organes qui n'ont pas une grande valeur, pour augmenter certains autres qui en ont une plus grande, tels que le système musculaire et les glandes qui sécrètent le lait, etc.

Malgré ceci, la sélection ne doit être pratiquée qu'avec des races locales qui réunissent déjà quelques qualités ; elle ne peut donc être appliquée à toutes les races, parce qu'il y en a qui sont si défectueuses, qu'il serait douteux d'obtenir d'elles de bons résultats. Alors, il faut faire disparaître celles-ci par le croisement, en les alliant avec des mâles de races améliorées.

La sélection offre encore des avantages aux éleveurs dans les pays où les ressources fourragères seraient insuffisantes pour y introduire des races améliorées autres que les Black-Faced (faces noires d'Ecosse), et les Chéviot, qui sont en général fort exigeantes et qui transmettent leurs exigences à leurs descendants. Ce serait assurément commettre une grande faute que d'introduire la race Durham ou celle des moutons de Dishley ou New-Leicester dans des pays pauvres en ressources fourragères, parce que ces races, parfaites pour la boucherie, ne peuvent exister sans dépérir que dans un endroit où il y abondance de fourrages, indice certain d'une culture avancée.

Dans l'amélioration du bétail, quelle que soit la méthode qu'on emploie, il est important de ne pas négliger les soins qu'on doit aux jeunes animaux dès leur naissance, et de combattre à chaque génération les défauts de la race qu'on améliore, en choisissant toujours les individus modifiés les plus parfaits et en éloignant de la reproduction ceux qui sont défectueux.

Ce n'est que par le temps qu'on peut combattre les vices dus à l'atavisme ; mais avec de la persévérance et un appareillement fait avec intelligence, on arrivera certainement au but désiré.

Si les résultats des premières opérations étaient défectueux, il ne faudrait pas se décourager, parce que ce n'est qu'après un certain nombre de générations qu'on commence à s'apercevoir du progrès de l'opération.

Ainsi, dans l'opération de la sélection, on choisit les reproducteurs mâles et les reproducteurs femelles parmi les troupeaux de la race même, dans la localité ; mais il arrive qu'on trouve difficilement quelquefois des reproducteurs convenables dans ces races ; alors il faut faire du croisement en faisant absorber la race locale dans une race améliorée.

Dans l'une et dans l'autre de ces deux manières différentes d'opérer, les soins sont les mêmes, ainsi que la fixation de la race en terminant l'opération en pratiquant l'*in and in*.

Certaines races améliorées ont la faculté de produire plus de viande ou plus de lait, ou plus de travail avec la même quantité d'aliment, parce qu'elles savent mieux en retirer tout ce qu'il contient de nutritif.

L'avantage de la méthode qui nous occupe ici, laquelle est d'une lenteur désespérante, c'est que les résultats en sont certains ; c'est qu'on va à coup sûr et qu'elle n'exige pas de grandes avances, outre qu'elle marche avec le progrès de la culture, qu'elle augmente son action en allant pas à pas avec elle, et qu'elle s'adapte parfaitement avec le milieu où on se trouve ; c'est qu'on améliore en même temps et progressivement tout à la fois, le bétail et la culture qui, s'aidant mutuellement, permettent au cultivateur d'atteindre un haut degré de perfection, n'ayant point à redouter l'influence du climat, si minime qu'elle soit, en opérant dans celui où la race s'est formée. C'est surtout dans les pays où les ressources fourragères sont peu abondantes, que la sélection peut offrir de grands avantages. C'est aussi dans les pays où on ne peut se procurer des mâles de races améliorées, qui sont généralement exigeants et d'un prix assez élevé.

C'est en procédant d'après cette méthode que les Anglais sont parvenus à obtenir des races de boucherie si parfaites, que les agriculteurs de tous les pays civilisés du globe terrestre vont en Angleterre pour acheter de ces reproducteurs améliorés. C'est aussi la méthode employée par ces cultivateurs habiles, non-seulement pour créer leurs races d'animaux de boucherie, mais aussi pour améliorer leurs blés, qu'ils sont parvenus à rendre exempts de la verse et inattaquables par la rouille, dans un pays où les brouillards sont à peu près incessants. C'est aussi en procédant de cette manière que quelques éleveurs habiles de la Lorraine, du Limousin et du Poitou, ont créé des races laitières avec les vaches de ces pays qui étaient avant de très-mauvaises laitières.

La race Charolaise, notre meilleure race de boucherie, la

plus précoce de notre espèce bovine, est depuis 65 ou 70 ans déjà l'objet de soins très-assidus de la part de quelques éleveurs qui l'améliorent par la sélection dans le sens de la boucherie. C'est une race dont, à juste raison, on se préoccupe beaucoup en France. D'autres éleveurs de cette contrée (le Nivernais) sont allés en Angleterre acheter des animaux mâles et des animaux femelles de race durham pure, pour faire dans ce pays des troupeaux de progression. Enfin, d'autres éleveurs de ce même pays améliorent la race charolaise par le croisement avec le taureau durham, soit pour former une sous-race, soit pour obtenir promptement une bonne conformation, plus de précocité, un facile engraissement et une meilleure qualité de viande, ou pour avoir de bons produits de vente.

L'alliance des races françaises des espèces ovine et bovine, avec les reproducteurs mâles des races anglaises améliorées, produit des bêtes dont la viande est de meilleure qualité que celle des races françaises pures.

Les mérinos de la Saxe-Electorale ont été améliorés par la sélection dans le sens de la finesse de la laine et de l'uniformité de cette finesse sur l'ensemble de la toison ; ils produisent les plus belles laines fines du monde entier.

Le meilleur moyen, quand on veut obtenir la perfection d'une race quelconque, c'est de viser à un seul but, parce que la perfection est l'union des qualités qui rendent l'animal apte à un seul genre de service.

Croisement.

D. Qu'est-ce qu'on entend par croisement?

R. On entend par croisement l'union d'un reproducteur mâle d'une race pure et améliorée avec les femelles d'une race défectueuse pure ou métis. C'est aussi une méthode très-simple et plus prompte que la sélection pour créer une bonne race.

D. Faites-nous la description du croisement.

R. Le croisement est une opération qui consiste à allier le reproducteur mâle d'une race, qui a été améliorée dans un but bien déterminé, avec les femelles d'une race défectueuse, dans le but d'obtenir dans leurs produits les qualités qu'on recherche et qui se trouvent réunies dans le reproducteur mâle, qu'on ne doit pas choisir pour ses qualités seules, il faut toujours tenir compte des ascendants de l'animal. Il vaudrait mieux prendre un reproducteur moins parfait appartenant à une race très-ancienne, dont les parents seraient parfaits, qu'un beau reproducteur mâle dont la race aurait moins d'ancienneté avec des ancêtres moins parfaits. Elle consiste à unir ensuite le même mâle, ou un autre mâle de sa race, avec les produits femelles de la première alliance, puis continuant ainsi à chaque génération à accoupler toujours le même mâle, ou un de ceux de la race pure, avec ses filles, ses petites-filles, ses arrière-petites-filles, etc., etc. On obtient ainsi, après la quinzième ou dix-huitième génération, une race pure; parce qu'après ce dernier terme, il ne surgit jamais, ou plutôt très-rarement, ce qu'on appelle un pas en retour, les descendants de ces alliances successives ayant tout à fait acquis les caractères du père. Il arrive même quelquefois qu'après la septième ou huitième génération, et même plus tôt encore, ceci dépend de la valeur des reproducteurs, et lorsqu'on a soin de détruire préalablement, comme l'a fait M. Malingié, dans le domaine de la Charmoise, la puissance d'atavisme des femelles. Mais il est bien préférable d'aller jusqu'à l'absorption complète de la race commune, en ayant soin d'exclure de la reproduction, de la manière la plus absolue, jusqu'à ce que la race soit parfaite, tous les produits mâles, qu'on fait castrer; puis on les élève, ensuite on les engraisse, et à 15 ou 18 mois, si ce sont des moutons, à 2 ans et demi ou à 3 ans, si ce sont des bœufs, on les envoie au marché. Ceci est de la plus grande importance, si on tient à avoir une race parfaitement pure; parce qu'on verrait indubitablement surgir, de temps en temps, des individus de la race commune.

En revenant ainsi à chaque génération avec le mâle de la race pure sur ses descendants, pour combattre les tendances au retour de la race commune, on fortifie de plus en plus, dans les produits, les qualités de la race améliorante jusqu'à l'entière annihilation de la race locale, jusqu'à ce qu'il ne reste plus trace du sang de cette race commune, comme on le voit par le tableau suivant :

Après le 1er croisement, le produit est supposé 1/2 sang du père et de la mère;

Après le 2e croisement, le produit est supposé 1/4 de sang de la mère et 3/4 de sang du père;

Après le 3e croisement, le produit est supposé 1/8 de sang de la mère et 7/8 de sang du père;

Après le 4e croisement, le produit est supposé 1/16 de sang de la mère et 15/16 de sang du père;

Après le 5e croisement, le produit est supposé 1/32 de sang de la mère et 31|32 de sang du père;

Après le 6e croisement, le produit est supposé 1/64 de sang de la mère, etc.;

Après le 7e croisement, le produit est supposé 1/128 de sang de la mère, etc.;

Après le 8e croisement, le produit est supposé 1/256 de sang de la mère, etc.

Après le 9e croisement, le produit est supposé 1/512 de sang de la mère, etc.;

Après le 10e croisement, le produit est supposé 1/1,024 de sang de la mère, etc.;

Après le 11e croisement, le produit est supposé 1/2,048 de sang de la mère;

Après le 12e croisement, le produit est supposé 1/4,096 de sang de la mère, etc.;

Après le 13e croisement, le produit est supposé 1/8,192 de sang de la mère, etc.;

Après le 14e croisement, le produit est supposé 1/16,384 de sang de la mère, etc.;

Après le 15e croisement, le produit est supposé 1/32,768 de sang de la mère, etc.

Après le 16e croisement, le produit est supposé 1/65,536 de sang de la mère, etc.

D. Qu'est-ce qu'on entend par animal demi-sang, ou animal trois quarts de sang, etc.?

R. On entend par animal demi-sang l'animal issu d'un premier croisement, et un animal trois quarts de sang celui provenant d'un second croisement, comme nous venons de le voir par le tableau précédent.

Les naturalistes admettent ce principe que le produit tient moitié du père et moitié de la mère. Il n'est pas certain que les reproducteurs, en s'unissant dans l'acte de la reproduction, entrent juste pour la moitié, ou qu'il y ait égalité de sang du père et égalité de sang de la mère; mais il est certain que le plus fort des deux reproducteurs apporte toujours plus que le reproducteur le plus faible; il y a, en outre, l'intervention de la puissance d'atavisme, qui, elle aussi, a bien une certaine valeur.

L'apport par moitié ne peut avoir lieu que lorsque les reproducteurs sont d'égale force et qu'ils possèdent une égale puissance d'hérédité et d'atavisme, ce qui ne paraît guère possible à obtenir. Pour que cela ait lieu, il faudrait, lorsqu'on prend un reproducteur mâle dans une race et le reproducteur femelle dans une autre race, que l'influence de la mère fût semblable à celle du père; mais, en général, le mâle a comparativement une puissance beaucoup plus grande que celle de la femelle. Il y a des cas où le mâle a une telle puissance d'hérédité et d'atavisme, que celle de la femelle est en partie annihilée au premier croisement.

Si on suppose deux reproducteurs empruntés à deux races différentes, ayant des puissances différentes d'ancienneté, la plus faible ou la moins ancienne sera celle qui sera vaincue, et elle finira par se perdre de plus en plus dans l'autre. Dès la deuxième génération, la puissance individuelle diminuera et celle d'atavisme grandira.

C'est, comme on le voit, greffer une bonne race sur une race défectueuse; la greffe, c'est la race pure, améliorée, et le sujet, la race commune. C'est faire disparaître le sang de la race locale au profit de la race améliorante.

Le croisement peut s'opérer de plusieurs manières, selon ce qu'on a en vue, selon le degré de perfection qu'on cherche à obtenir, selon la race améliorante et selon la valeur de la race locale.

Lorsque les femelles qu'on destine à la production présentent quelques-unes des qualités du reproducteur mâle avec lequel on veut les accoupler, ou qu'elles n'ont pas de qualités bien marquées, ou qu'elles manquent de force d'atavisme, le produit qu'elles donnent offre dès le premier croisement les qualités de son père.

Nous avons, comme exemple de ce fait, la race mancelle, qui n'est ni bonne travailleuse, ni bonne laitière, ni bonne bête de boucherie, et qui, au premier croisement avec le taureau durham, donne des produits qui ont, avec les aptitudes,

des formes presque aussi parfaites que celles de leur père, et qu'elles les dépassent même quelquefois.

Pour mettre la dernière main à la formation d'une race. on a recours à l'*in and in* des Anglais : c'est la concentration de toute la puissance de la race, c'est la réunion de toutes les qualités des individus de la race, qu'on choisit parmi les reproducteurs les plus parfaits de toute la famille.

Quel que soit le procédé employé pour créer une race, que ce soit par la sélection ou le croisement, on la fixe toujours de cette manière ; c'est une loi générale de la nature à laquelle ont eu recours les Anglais pour fixer les qualités de leurs races.

Pour assurer le succès de l'opération, il faut que le sujet de la race pure avec lequel on veut opérer le croisement, soit vigoureux, bien constitué, d'une race ancienne et parfaite, et qu'il réponde bien à ce qu'on a en vue ; et surtout qu'il ait tous les caractères de ses ascendants, et qu'il soit dans de bonnes conditions hygiéniques et dans de bonnes conditions de nutrition ; il faut que ces conditions ne soient point inférieures à celles où il vivait avant son introduction dans la localité, On peut, dans ces conditions, parfaitement créer des races d'animaux domestiques par le croisement.

Avec un régime bien approprié à l'opération et surtout avec un bon appareillement des reproducteurs, quand il y a harmonie entre le mâle et la femelle, et que les circonstances dans lesquelles ces animaux doivent exister sont favorables à cette opération, elle donne déjà de bons résultats après le cinquième ou le sixième croisement ; et après le huitième ou le dixième, on est certain du succès.

Règle générale, après le dixième croisement, il y a rarement de pas en arrière. Néanmoins, il est prudent de continuer l'opération, surtout lorsque les femelles sont vigoureuses, qu'elles présentent des caractères bien tranchés et différents de ceux du mâle. C'est une précaution qui n'est pas négligée en Allemagne.

Le croisement est pratiqué avec les races anglaises améliorées dans le but de créer des races dans presque tous les pays de l'Europe. Il a été appliqué en Angleterre, où il a créé la race de chevaux de courses, en unissant le cheval arabe, venant des parties méridionales de l'Asie, avec les juments anglaises, dont le sang a entièrement disparu dans la race améliorante. Cette race n'a pas reçu de sang oriental depuis plus d'un siècle, et elle n'a rien perdu de son caractère. Elle a gagné de la taille dans le sein de sa mère, pendant toute la durée de la gestation.

La race Orloff, en Russie, est aussi le résultat du croisement de l'étalon arabe avec des juments russes qui, elles aussi, étaient bonnes pour la course.

Dans l'espèce ovine, nous avons, comme exemple de races formées par le croisement, les magnifiques troupeaux à laines fines de la Saxe, qui ont été en grande partie formés par les brebis du pays, croisées avec des béliers mérinos purs, dont les descendants ont donné des laines très-supérieures en qualité à celles des plus belles bêtes espagnoles. Les laines de ces animaux sont tellement fines et belles, que l'ex-reine Isabelle acheta une partie du troupeau du roi de Saxe pour améliorer les races mérinos de son royaume.

En France, nous avons la race de la Charmoise, créée par feu M. Malingié, qui était un éleveur fort habile, procédant avec intelligence, en mettant à profit ses grandes connaissances de l'espèce ovine, eut l'idée de former rapidement une race, en détruisant la puissance d'atavisme des femelles avec lesquelles il voulait opérer.

Il prit à cet effet quatre races différentes, c'étaient les suivantes : la race bérichonne, la race solognotte, la race tourangelle et la race poitevine. Après avoir mélangé le sang de ces quatre races, il donna aux femelles issues de ces mélanges, faits à dessein, le bélier de la race anglaise New-Kent, dont la laine est fine et brillante; c'est la plus belle de celles des moutons anglais; mais les bêtes de cette race sont inférieures aux races de Dishley, de Southdown, etc., etc., quant à la production de la viande; de sorte que le bélier, agissant avec toute sa force d'atavisme, a transmis ses qualités d'une manière si caractéristique à ses descendants, que, après la troisième génération, M. Malingié jugea nécessaire de fixer la race en pratiquant l'*in and in*. Cette race, qui paraît avoir une assez grande fixité, donne des animaux qui sont fort estimés pour la boucherie.

Dans l'espèce bovine, le taureau hollandais fut croisé avec les vaches suisses; il a produit une excellente race laitière qui a tous les caractères des bêtes bovines hollandaises et dont la fixité est parfaite.

Dans les pays dont il est parlé plus loin, on opère le croisement non-seulement pour créer des races, mais aussi pour obtenir des produits de consommation de bêtes précoces douées d'une grande aptitude à l'engraissement et à produire de la viande pour la boucherie. Dans ce cas, un premier ou un second croisement sont suffisants pour obtenir de bons et avantageux produits. Il se trouve, dans les différentes races améliorées, des reproducteurs mâles qui communiquent, dès la première génération, tous leurs caractères à leurs descendants. La race de Durham est dans ce cas; souvent le premier produit est supérieur à celui à qui il doit sa naissance, quand le produit d'un second ou d'un troisième croisement est souvent moins parfait.

Lorsqu'on voudra améliorer les animaux de l'espèce bovine

par le croisement, le taureau durham est le mâle le plus avantageux pour cette opération. C'est une race qui est passablement laitière et qui donne de la qualité au lait; elle a une grande ancienneté; elle est douée d'une grande puissance d'assimilation et d'un engraissement facile; elle n'est pas difficile, et c'est celle de toutes les races améliorées de son espèce qui utilise mieux les fourrages qu'on lui donne.

Dans l'espèce ovine, la race new-leicester, ou de Dishley, est la plus convenable pour les pays riches en ressources fourragères; les races southdown et cotswold pour les pays de moyenne richesse, et les races à face-noire et cheviot pour les pays pauvres.

Mètissage.

D. En quoi consiste le métissage?

R. Le métissage consiste à faire une population de métis soit avec l'espèce chevaline, soit avec l'espèce bovine, soit enfin avec l'espèce ovine, ou celle porcine, etc, et non pas une race; car il n'en existe aucune qui ait été créée par ce procédé, le métissage.

D. De quelle manière doit-on opérer dans le métissage?

R. Dans l'opération du métissage on emploie des reproducteurs mâles et femelles de sang mêlé à la reproduction, c'est-à-dire qu'on allie un bélier métis à une brebis métis, en vue d'un produit qui participe des qualités de l'un et de l'autre des deux reproducteurs. Ainsi, lorsqu'on livre les produits mâles et les produits femelles issus d'un croisement à la reproduction, on fait du métissage. Exemple le taureau durham uni à la vache bretonne, donnant un produit mâle qui, au lieu d'être castré, comme on agirait dans le croisement, est employé à la reproduction, de même que les femelles qui comme lui descendent du taureau durham et de la vache bretonne.

Dans le métissage, les reproducteurs n'ont aucune force d'atavisme ou de transmission soit du père, soit de la mère; c'est pourquoi il est impossible qu'ils puissent donner à leurs produits les qualités de leurs ascendants; ils n'ont que la force d'hérédité; c'est ce qui fait qu'ils donnent des produits qui ont quelquefois les caractères du père, d'autres fois ce sont ceux de la mère, et quelquefois ce sont ceux des races primitives; alors on met de côté tous les mâles et toutes les femelles qui ont les caractères de la race commune. Il arrive souvent que c'est celui des deux reproducteurs alliés ensemble qui est le plus vigoureux, ou celui dont la force d'atavisme est plus grande qui donne ses qualités bonnes ou mauvaises aux produits. Tandis que la force d'atavisme, dans l'opération du croisement, se fortifie de plus en plus à chaque génération, l'effet contraire a lieu dans celle du métissage, où elle va de plus en plus en s'affaiblissant.

Lorsqu'un bélier fatigué a sailli une femelle vigoureuse, il n'est pas étonnant de voir, dans le produit qu'ils donnent, les caractères de la race défectueuse. C'est encore ce qui a lieu quand un reproducteur mâle provenant d'une race peu ancienne, est uni à une femelle métis dont la race a plus d'ancienneté.

Lorsqu'on emploie des métis à la reproduction, on rencontre des difficultés insurmontables, surtout quand ces métis sont employés pendant une longue série de générations à la reproduction, leurs descendants s'éloignent des qualités qu'on avait rencontrées dans leurs parents; souvent aussi ils reviennent à l'un ou à l'autre des reproducteurs, toujours à celui dont la puissance reproductrice est la plus forte.

D. Le métissage peut-il faire des reproducteurs qui donnent des produits constants?

R. Le métissage ne fait jamais de reproducteurs qui donnent des produits constants; on ne doit pas s'étonner de voir apparaître assez fréquemment des sujets tout différents de ceux qui leur ont donné le jour.

Dans le métissage, à la deuxième ou à la troisième génération, on agit, en pratiquant l'*in and in*, de même que dans les opérations du croisement et de la sélection. L'emploi de l'*in and in* est une condition forcée du métissage, parce qu'on doit, autant que possible, concentrer davantage entre elles les qualités des animaux sur lesquels on opère, afin de chercher à leur donner de la fixité.

Parmi les éleveurs qui se sont occupés avec soin de l'élevage de la race mérinos, lorsqu'elle fut introduite en France, se trouve Tissier, qui condamne complètement, dans l'ouvrage qu'il publia sur l'amélioration du bétail, l'emploi de reproducteurs métis.

Les éleveurs anglais ne font jamais de métissage. Quant aux éleveurs allemands, ils ont souvent essayé à créer des races qui aient de la constance avec des produits métis; mais n'ayant jamais pu y parvenir, ils y ont rénoncé.

De l'hérédité ;

SON INFLUENCE SUR LES DESCENDANTS DES RACES.

D. Qu'est-ce que c'est que l'hérédité ?

R. L'hérédité proprement dite, c'est la force individuelle transmise directement par les parents à leurs descendants, c'est la faculté qu'ont les parents de transmettre à leurs enfants les caractères qui les distinguent, tels que : la taille, la forme, la force, le tempérament, la santé, la précocité et leurs aptitudes. L'hérédité, c'est l'influence immédiate du père et de la mère sur le produit, c'est la ressemblance des animaux d'une même contrée et obtenus par le même reproducteur mâle. On la dit unilatérale lorsqu'elle n'est transmise que par un seul des deux reproducteurs, et bilatérale quand elle vient des deux parents sans divergence aucune Dans ce dernier cas, le jeune animal acquerra plus sûrement es qualités de ses parents, si elles se rencontrent en même emps chez le père et chez la mère ; autrement, c'est le plus vigoureux qui apporte toujours davantage au produit.

La puissance d'hérédité doit être envisagée à deux points de vue différents ; le premier sous l'influence directe du père et de la mère unis ensemble pour créer un produit ; le second sous celui de la puissance des reproducteurs de transmettre ce qu'ils tiennent de leurs ancêtres à leurs produits.

L'hérédité étant la puissance propre à l'individu et l'atavisme la puissance collective des ancêtres, car l'hérédité et l'atavisme se confondent, le reproducteur n'agit pas seulement par lui-même, il agit aussi par ses aïeux ; c'est pourquoi il ne faut jamais compter sur l'hérédité sans l'atavisme.

De l'atavisme ;

SON ACTION SUR LES DESCENDANTS DES RACES.

D. Qu'entend-on par l'atavisme ?

R. L'atavisme, c'est l'action que les aïeux exercent sur les produits, par l'ensemble des qualités acquises par eux, ce qui constitue le passé de la race. L'atavisme, c'est la puissance de transmission ou la force collective que les reproducteurs tiennent de leurs ancêtres ; c'est la force de transmission concentrée dans la race, qui représente toutes les qualités d'une longue suite de générations antérieures, réunies à la force individuelle. Or, toutes les fois que ces deux forces agissent dans le même sens, il n'y a pas de déviation à craindre de la race, dont les caractères offriront toujours la même constance. Si on suppose deux reproducteurs empruntés à deux races ayant des puissances différentes d'ancienneté ; la plus faible ou la moins ancienne sera celle qui sera vaincue, elle finira par disparaître de plus en plus, parce que dès la deuxième génération, la puissance individuelle ou l'hérédité diminue, et celle de l'atavisme grandit.

Tout individu porte en lui, à l'état latent, c'est-à-dire caché, des germes bons ou mauvais de ses ascendants; c'est pourquoi il n'est pas rare de voir dans des familles des enfants qui ne ressemblent ni au père ni à la mère, et qui ressemblent à quelques-uns de leurs ancêtres plus ou moins éloignés. Ceci se voit aussi bien dans le règne végétal que dans le règne animal. Ce sont ces tendances des générations antérieures de la race à communiquer leur ressemblance,leur santé, leur tempérament et leurs aptitudes à leurs descendants qu'on appelle atavisme.

On doit toujours prendre en considération cette double force de la reproduction, c'est-à-dire la puissance de l'hérédité et celle de l'atavisme. Lorsque la force d'atavisme ou l'hérédité p collective à distance dure epuis longtemps, elle doit l'emporter sur l'hérédité.

Dans aucun cas on ne doit choisir un reproducteur pour lui-même, il faut toujours tenir compte de ses aïeux. Lorsqu'on a créé une race par la sélection, à chaque génération on augmente la puissance d'atavisme qui acquiert une force de plus en plus grande.

Les Anglais paraissent prendre en grande considération cette puissance d'atavisme qui leur ferait préférer un reproducteur mâle moins parfait, ou plus justement parlant, accidentellement imparfait, mais appartenant à une race dont ils connaissent la généalogie, à un très-beau mâle qui devrait ses qualités au hasard, ses ancêtres n'en ayant aucune.

Dans l'amélioration des races d'animaux domestiques, on ne doit jamais perdre de vue ces deux grandes forces de la nature. Et il vaut mieux choisir un reproducteur moins beau, qui appartient à une famille douée d'une grande puissance d'atavisme, plutôt qu'un reproducteur plus parfait qui n'aurait que peu ou point d'atavisme.

In and in, ou consanguinité.

D. Qu'est-ce qu'on entend par *in and in ?*

R. *In and in* (mot à mot : dans et dans) signifie union en très-proche parenté, telle que : le père avec la fille, la mère avec le fils, le frère avec la sœur, etc. Cette opération est toute-puissante pour faire développer d'une manière extraordinaire les qualités de même que les défauts des individus. *In and in*, c'est la concentration de toute la puissance de la race ou l'union des animaux de la même race choisis parmi tous les reproducteurs les plus parfaits de toutes les familles de la contrée.

Lorsqu'on est arrivé au résultat qu'on a cherché à obtenir soit par la sélection, soit par le croisement, etc., on fixe la race au moyen de l'*in and in.* Mais il ne faut pas l'employer sans discernement, et surtout ne pas unir ensemble deux reproducteurs qui présenteraient des défauts semblables, soit dans la conformation, soit dans les aptitudes à produire de la viande, du lait ou de la laine, etc., car ces défauts seraient exagérés dans les produits.

C'est en procédant par *in and in* que les Anglais et les Arabes fixent toujours leurs races améliorées. La pratique de cette excellente méthode donne des résultats rapides qui approchent souvent les produits du type de la perfection. Il est toutefois bien recommandé de ne pas l'employer d'une manière absolue, on ne doit la pratiquer que deux ou trois fois seulement.

Aristote considérait comme un moyen de perfection un étalon qui couvrait ses filles. — Buffon pensait d'une manière tout opposée, disant que l'union en proche parenté amenait la dégénérescence et la stérilité. Mais un grand nombre de faits nous ont depuis confirmé que ces unions en proche parenté n'ont produit ni dégénérescence, ni stérilité, il n'y a donc pas lieu de s'en occuper. Tous les faits de l'amélioration des races prouvent qu'elles ont été améliorées de cette manière, en ayant soin de choisir des sujets sains et parfaits dans leur conformation.

De l'appareillement.

D. Qu'entend-on par appareillement?

R. On entend par appareillement l'opération qui consiste à faire un choix raisonné des reproducteurs mâles et femelles qu'on veut livrer à la reproduction. C'est l'opération qui consiste à assortir les reproducteurs, dans toute espèce d'animaux domestiques, en vue du service qu'on leur demande. Il y a des personnes qui confondent l'appareillement avec l'accouplement, qui n'est que le phénomène matériel de cette opération, ou l'union des deux sexes. Dans l'appareillement on s'occupe plus particulièrement des qualités personnelles des reproducteurs, en unissant ensemble ceux qui présentent entre eux une certaine harmonie de conformation, conduisant au même but que celui que veut atteindre l'éleveur, parce que si l'un et l'autre ne remplissent pas ces conditions, on obtient des produits qu'on nomme décousus.

Les reproducteurs doivent être vigoureux, surtout le mâle, et d'une santé parfaite. Ici l'atavisme doit être pris en considération, car il faut se défier des maladies des ascendants, surtout de celles de la mère.

De la précocité.

D. Qu'est-ce qu'on entend par précocité en zootechnie?

R. La précocité est cette faculté particulière qu'ont certains animaux domestiques d'arriver plus rapidement que d'autres de leur espèce au terme de leur développement complet, qui coïncide toujours avec la maturité de la viande. Les animaux précoces pour la boucherie sont ceux qui perdent plus promptement que d'autres leur qualité de veau ou d'agneau pour prendre celle d'adulte ou de bœuf, ou de mouton, ce qui permet d'obtenir un plus grand rendement en viande dans un temps plus court. Elle doit être regardée comme une des qualités principales de l'animal à qui on demande de la viande, tant au point de vue physiologique qu'à celui économique.

Il y a des races dans l'espèce bovine qui ont atteint ce développement complet à 2 ans et demi et 3 ans au plus, tandis que les bêtes de la même espèce, de races tardives, ne l'atteignent qu'à 5, 6 ou 7 ans, de sorte qu'on peut faire deux bœufs en cinq ans, ayant une viande dont la maturité est complète. Dans les espèces ovine et porcine, l'âge adulte est atteint à 12 ou 15 mois chez les races précoces anglaises, et il n'est atteint qu'à 3 ou 4 ans par les races tardives françaises. On obtient cette précocité par l'alimentation abondante, constante et substantielle de l'animal dans son jeune âge.

Il existe une très-grande différence entre le terme de la

croissance de l'animal de boucherie et celui de l'animal de travail. La précocité exclut la possibilité de travailler; la perfection pour l'animal de travail étant toute différente de celle de l'animal de boucherie. Les bœufs français arrivent à leur développement complet à 5, 6 ou 7 ans, parce qu'ils sont mal nourris dans le cours de leur croissance, tandis que les bœufs anglais, qui sont bien nourris, l'atteignent à 2 ans et demi et 3 ans au plus.

Les races de boucherie doivent arriver au terme de leur développement le plus promptement possible. La précocité est liée à l'aptitude, à l'engraissement.

Des avantages de la précocité.

D. Quels sont les avantages qu'offrent à l'éleveur les bêtes précoces ou de boucherie ?

R. L'activité vitale chez les jeunes animaux leur permet d'assimiler plus complètement et de tirer un meilleur parti des principes contenus dans l'aliment que ne le font les animaux plus âgés. Leur urine est moins chargée de matières azotées que celle des adultes ; chez eux, la vie étant plus active, la digestion et l'assimilation des matériaux nutritifs que contient l'aliment sont plus complètement utilisés que ceux de ces derniers. Enfin, le jeune animal sait tirer un meilleur parti de sa ration, comme on peut le voir par le tableau suivant :

RÉSULTATS DES EXPÉRIENCES FAITES AU HARAS DU PIN SUR DES BÊTES DES RACES ANGLAISES, EN VUE DE CONNAITRE LEUR ACCROISSEMENT EN VINGT-QUATRE HEURES.

Nombre de têtes.	Age des animaux.	Moyenne du gain vif par jour et par tête.
6 veaux	de la naissance à 1 an	0 kil. 781
—	de 1 à 2 ans	0 — 695
—	de 2 à 3 ans	0 — 621
—	de 3 à 4 ans	0 — 525

M. Boussingault a répété ces expériences sur une génisse de 1 an 4 mois et 28 jours, il a obtenu : 1k.19 de gain vif par jour, nourrie au trèfle vert à discrétion. Des expériences semblables ont été faites en Angleterre, en Allemagne, en France et dans d'autres pays ; toutes sont arrivées à ces résultats que plus l'animal s'éloigne de sa naissance, moins il profite de ses aliments. Or, il résulte de ce qui précède qu'un kilogramme de viande qui coûte 60 centimes à fabriquer de la naissance de l'animal à 3 ans, dans l'espèce bovine, coûte plus de 90 centimes de 3 à 6 ans. Ceci vaut la peine que les éleveurs y réfléchissent.

De la stérilité.

D. Dites-nous quelles sont les causes de l'infécondité ?

R. La stérilité dépend de plusieurs causes ; d'abord de l'absence ou de l'inertie des organes de la génération. Elle est à peu près générale chez les animaux nés de deux individus d'espèces différentes. Exemple : le mulet issu de l'âne et de la jument ; le bardeau produit de l'union du cheval et de l'ânesse chez lesquels la fécondité est complètement épuisée après la première ou la deuxième génération. Chez les ruminants, les produits de l'alliance du bouc avec la brebis : ceux-ci qui paraissent conserver quelquefois leur puissance fécondante, reviennent alors, après la troisième ou la quatrième génération, à l'une ou à l'autre des deux espèces qui les ont créées.

L'alimentation peut aussi devenir une cause de stérilité ; les animaux très-mal nourris et ceux qui sont trop gras, sont généralement stériles ; il suffit de bien nourrir les premiers et d'amaigrir les derniers pour les rendre féconds.

L'appareil de la reproduction étant incomplet, est encore une cause de stérilité ; pour qu'il soit complet, il faut que les glandes testiculaires soient descendues dans le scrotum. Les animaux qui n'ont qu'un testicule de descendu dans les bourses sont souvent stériles; il faut que la liqueur séminale du mâle soit complète, elle est incomplète lorsqu'elle ne contient pas de spermatozoïdes; la liqueur spermatique des animaux dépourvue de ces petits êtres, quelle qu'en soit l'espèce, les rend toujours stériles. Chez ces individus, les signes des chaleurs ou le désir de satisfaire les femelles ne se manifestent pas.

Les femelles nerveuses, quelle que soit l'espèce à laquelle elles appartiennent, retiennent rarement le produit de la fécondation, étant presque continuellement en rut.

Rut ou époque des chaleurs.

D. Quelle est l'époque à laquelle se manifestent les chaleurs chez les animaux domestiques?

R. L'époque des chaleurs des mammifères et des ovipares utilisés en agriculture est généralement indiquée comme suit :

Chez la jument, ordinairement de la fin de mars à la fin de juin, et huit ou dix jours après la mise bas.

Pour la vache, c'est du commencement d'avril à la fin de juin, et dix ou quinze jours après le part.

Chez la brebis et la chèvre, c'est en automne.

Pour la truie, c'est en tout temps.

Quant aux animaux de l'ordre des gallinacés, qui sont les pintades, les dindons, les pigeons et les poules, c'est au printemps, de même que ceux de l'ordre des palmipèdes, dont les oies et les canards font partie. Mais les poules font exception à cette règle générale, car elles le sont toute l'année, excepté pendant quelques mois rigoureux de l'hiver.

Age auquel les animaux domestiques sont aptes à la reproduction.

D. Faites-nous connaître l'âge auquel on peut livrer les animaux domestiques à la reproduction, sans nuire à leur constitution?

R. Il y a un âge où les animaux sont aptes à reproduire, et une autre période de la vie où l'aptitude à la reproduction est passée. Ce n'est qu'à l'âge de puberté, quand toute l'organisation de l'animal est bien développée, et qu'il a acquis une certaine force, que ses organes de la génération entrent en fonctions. Avant cet état, lorsque les animaux sont bien nourris et qu'ils sont assez forts, assez vifs, et qu'ils désirent reproduire, ce qui est facile à reconnaître à leurs actions désordonnées, on peut les employer à la reproduction.

Cependant, lorsqu'on veut obtenir de la force, de l'énergie ou de la laine fine, il faut attendre que le travail de la dentition soit achevé.

Dans l'espèce bovine, c'est selon le service qu'on demande à ces animaux; si c'est du travail, de la viande ou du lait. Quand c'est du travail, on les livre à la reproduction plus tard, comme il est indiqué dans le tableau suivant :

TABLEAU INDIQUANT L'AGE AUQUEL LES ANIMAUX DOMESTIQUES SONT APTES A LA REPRODUCTION.

Animaux de travail.

Espèces.	Age.	Remarques.
Le cheval L'âne	de 4 à 5 ans.	
La pouliche L'ânesse	de 3 à 4 ans.	Avant ce temps on userait promptement la femelle.
Le taureau	de 4 à 5 ans.	
La génisse	de 3 à 4 ans.	

Animaux producteurs de la laine fine.

Le bélier La brebis	de 3 à 4 ans.

Animaux produisant de la viande ou du lait.

Le taurèau La génisse	de 18 mois à 2 ans.	Selon la force des animaux, ce dernier terme est préférable, car l'agneau épuise la mère qui donne généralement un mauvais agneau. Quant au bélier, il ne faut pas qu'il ait plus de 20 à 30 brebis à saillir ; mais à 4 ans, étant dans la force de l'âge pour remplir cette fonction, il peut saillir 70 à 80 brebis dans la monte.
Le bélier La brebis Le bouc La chèvre	de 18 mois à 2 ans.	
Le verrat La truie	de 2 à 3 ans.	

Races précoces, animaux bien nourris.

Le taureau	de 15 à 16 mois.
La génisse	de 15 à 18 mois.
Le bélier La brebis	de 15 à 18 mois.
Le verrat La truie	à 8 mois. On pourrait les faire reproduire dès qu'ils ont atteint 4 ou 5 mois, dans les races précoces.

On doit toujours tenir compte, pour tous ces animaux, de la force et de la vigueur des reproducteurs.

Il ne faut pas toutefois trop se hâter ou devancer ces âges, on pourrait nuire aux reproducteurs; les mâles se fatiguent et s'usent promptement ; chez la femelle ce serait encore plus grave, parce qu'on lui fait partager sa nourriture avec son petit, ce qui lui nuirait ainsi qu'au propre développement de la mère. Dans l'espèce chevaline, les pouliches qui seraient livrées à la reproduction avant trois ans seraient promptement usées. Puis il faut distinguer le service qu'on veut des animaux ; si on veut des animaux de grande force ou des animaux à laine fine, il faut attendre que les reproducteurs soient arrivés à l'âge adulte. S'il s'agit d'avoir du lait ou de la viande, on a avantage à les livrer de bonne heure à la reproduction.

Durée de la gestation, chez les diverses espèces d'animaux domestiques.

D. Quelle est la durée de la grossesse chez ces différentes espèces d'animaux ?

R. La grossesse de la jument dure, en moyenne, de 347 à 360 jours, elle peut avancer ou retarder sur ces époques ; les extrêmes ont été de 322 à 419 jours.

Elle est chez la vache, en moyenne, de 247 à 274 jours ; elle peut aussi avancer ou retarder ; les points extrêmes ont été de 220 à 300 jours.

En général, les veaux qui naissent avant le 214e jour ne vivent pas.

La grossesse de la brebis dure, en moyenne, de 152 à 154 jours ; et les points extrêmes ont été de 126 à 161 jours,

Celle de la truie est, en moyenne, de 115 à 118 jours ; les points extrêmes ont été de 109 à 124 jours.

Les grandes espèces animales et ovines ne produisent en général qu'un individu par portée, quoique les doubles parturitions ne soient pas rares ; mais ceci est le caractère particulier à certaines races. Quant à l'espèce porcine, elle en donne au moins huit par portée.

Les races tardives possèdent fort longtemps la propriété de reproduire leurs semblables. Les espèces chevaline et asine la conservent jusqu'à 15 et 16 ans. Dans les espèces bovine et porcine, c'est vers 7 à 8 ans qu'on les met à la réforme, parce que les mâles sont lourds et peu capables de remplir cette fonction. Dans l'espèce ovine, la valeur de la laine fine étant d'autant plus grande qu'ils sont plus âgés, il y a avantage à s'en servir dans un âge avancé. Quant aux animaux de l'espèce porcine, il est prudent de les réformer lorsque les verrats sont dangereux.

La mère, à l'aide des derniers efforts qu'elle fait, se débarrasse du placenta ou délivre ; il arrive quelquefois qu'on est dans l'obligation de l'aider dans ce travail. Quant à la truie, elle le dévore (le placenta) si on ne se hâte de le lui retirer ; il arrive même quelquefois qu'elle dévore aussi ses petits.

Les mères, quelle que soit l'espèce, doivent toujours être abondamment fournies d'aliments.

De la castration des animaux de boucherie.

D. Dites-nous ce que c'est que la castration, et les avantages qu'on peut en retirer ?

R. La castration des animaux de boucherie a pour but de favoriser et d'accélérer leur engraissement, et de prolonger chez les vaches laitières la sécrétion du lait. Castrer un animal, c'est supprimer une fonction de la vie au profit d'une autre fonction.

C'est une opération qui consiste à enlever les glandes testiculaires aux mâles, et les ovaires aux femelles. Son but est de rendre le caractère des animaux plus docile, et de faire développer d'une manière exagérée le tissu cellulaire pour favoriser et accélérer leur engraissement. Cette opération doit être faite le plus tôt possible, et toujours avant de sevrer les animaux, car lorsqu'ils sont castrés jeunes, ils sont mieux proportionnés dans leur arrière-main avec l'encolure, que ceux qui ne le sont que tardivement.

On a beaucoup exagéré l'importance de cette opération chez les vaches laitières, qui maintient et prolonge, disait-on, la sécrétion du lait, prétendant qu'il était de meilleure qualité. Ce procédé, mis en pratique il y a une vingtaine d'années, ne paraît pas avoir produit les avantages qu'on espérait en tirer ; car son effet est assez restreint sur la production du lait, qui n'est point indéfinie.

La castration est néanmoins très-favorable à l'engraissement; elle peut donc être pratiquée avec avantage chez les vaches nerveuses qui sont toujours tourmentées par les besoins qu'impose la nature ; elles sont maigres et ne donnent ni veau ni lait, elles sont même souvent dangereuses. On pourrait encore tenter cette opération sur les mauvaises vaches laitières ou sur les vieilles vaches, afin de prolonger chez elles la sécrétion du lait et favoriser ensuite leur engraissement.

Cette opération ne doit pas être pratiquée sur les autres vaches; il faut avant tout consulter la balance entre les avantages et les pertes qu'on peut encourir, quoique aujourd'hui cette opération soit beaucoup moins dangereuse qu'elle l'était autrefois, en incisant le côté de l'animal pour enlever les ovaires.

Maintenant elle consiste à introduire la main dans le vagin de la vache, à y faire une incision et à saisir les ovaires à l'aide d'une pince, de les attirer au dehors et à les extirper, et l'opération est achevée. Qu'on ne croie pas, cependant, qu'elle soit sans danger pour la vie de l'animal.

La castration pourrait aussi être pratiquée avec avantage sur les femelles de l'espèce porcine. Celle des agneaux mâles est des plus simples et des plus faciles à opérea ; elle peut être faite sur les mâles jeunes dans toutes les espèces, sans que leur vie soit en danger. On saisit le scrotum avec la main gauche, puis on éloigne les glandes testiculaires de l'extrémité libre des bourses, qu'on coupe ensuite avec des ciseaux, à un demi-centimètre environ de cette extrémité, puis, au moyen d'une pression faite avec les doigts de la main gauche, on fait sortir les deux testicules de la plaie; on les saisit alors avec les doigts de la main droite ou avec une pince, et on les arrache; on presse ensuite le scrotum avec les doigts de manière à ne pas laisser la plaie béante, et tout est fait. On laisse, après l'opération, les jeunes animaux à la bergerie pendant quelques jours, qui suffisent pour obtenir la cicatrisation complète de la plaie.

Cette opération peut être avantageusement faite sur les jeunes animaux mâles de toutes les races de boucherie, quelle qu'en soit l'espèce. Il est inutile, toutefois, de la pratiquer sur les veaux et sur les agneaux qui doivent être engraissés pour la boucherie, attendu que chez eux les organes de la génération ne sont point assez développés pour sortir de leur sommeil et nuire ainsi à l'engraissement.

Des qualités morales des reproducteurs.

D. Les bonnes qualités morales et les vices se transmettent-ils par les reproducteurs à leurs descendants?

R. Les vices et les bonnes qualités morales, qu'ils viennent de l'un ou de l'autre des deux reproducteurs, se transmettent facilement aux produits, soit la douceur de caractère, soit la méchanceté, etc.

Les animaux qui mordent, ceux qui lancent des ruades ou qui donnent des coups de tête, de même que les animaux ombrageux, ne doivent pas être employés à la reproduction, parce qu'ils transmettent leurs vices à leurs descendants.

Les dispositions morales et les prédispositions aux maladies passent plus certainement de la mère que du père aux produits. L'espèce humaine n'échappe point à ces lois générales de la nature.

D. Est-il important de ne pas livrer à la reproduction des animaux qui ne jouissent pas d'une bonne santé ?

R. On ne saurait trop bien choisir les animaux qu'on veut livrer à la reproduction ; on ne doit pas les laisser remplir cette fonction s'ils ne jouissent pas de la plénitude de leur santé, parce qu'ils agissent en raison de l'état où ils se trouvent au moment de l'accouplement, ils agiraient sur la santé du produit. La prudence veut que, même sur de simples doutes, ces animaux soient éloignés de la reproduction.

Maladies héréditaires.

D. Faites-nous connaître les maladies héréditaires les plus graves ?

R. Les maladies héréditaires les plus graves sont les suivantes :

Le sang de rate, maladie des bêtes à cornes et des bêtes à laine.

La cachexie aqueuse ou pourriture du mouton ;

La clavelée ou petite vérole des bêtes à laine ;

La péripneumonie, de l'espèce bovine ;

La fluxion périodique des yeux, chez le cheval, l'âne, le mulet, le bœuf et le mouton ;

L'immobilité du cheval ;

Le tic du cheval ;

Le cornage du cheval ;

Le vertige essentiel, maladie du cheval et des bêtes à cornes ;

La morve, maladie du cheval ;

Le farcin, maladie du cheval, qui atteint quelquefois le bœuf ;

L'épilepsie, maladie qui se montre sur les animaux de toutes les espèces domestiques ;

Les exostoses ;

La myopie ;

Les maladies tuberculeuses.

D. Dites-nous ce que c'est que le sang de rate ?

R. Le sang de rate est une maladie des bêtes à laine et des bêtes à cornes, cette terrible affection est reconnue incurable, elle met les personnes qui les manient ou qui les soignent en danger de gagner la pustule maligne (le charbon) ; maladie des plus dangereuses. Les bonnes conditions hygiéniques, les saignées ou une réduction dans l'alimentation des animaux, sont les moyens employés pour prévenir et arrêter l'envahissement de cette maladie.

D. La cachexie aqueuse est-elle aussi dangereuse que le sang de rate ?

R. Non, la cachexie aqueuse ou la pourriture du mouton n'est autre chose qu'un appauvrissement du sang de ces animaux, cet appauvrissement est produit par les pâturages humides qui les prédisposent à cette maladie qui se trahit par la décoloration du sang, ce qui est facile à reconnaître à la pâleur des membranes muqueuses en examinant celles des yeux.

On peut éviter les inconvénients d'un sol et d'un climat humides en donnant au troupeau, avant qu'il parte aux champs, depuis le mois d'août jusqu'à celui d'avril suivant, des pailles sèches mêlées avec des racines. On peut encore éviter cette maladie en ajoutant à la ration journalière un peu de tourteau de colza qui paraît être un excellent spécifique contre cette maladie dont on peut ainsi préserver le troupeau,

Il vaudrait mieux, cependant, lorsqu'on a des pâturages riches et humides, substituer aux moutons du pays les races anglaises New-leicester ou ceux de Southdown qui ne souffrent pas de l'humidité, ou bien encore les remplacer par des bêtes de l'espèce bovine.

D. Quels sont les caractères distinctifs du claveau?

R. La clavelée ou petite vérole des moutons est caractérisée par des boutons qui se montrent à la surface interne des cuisses et des pattes, autour de la bouche et autour des yeux; la marche de la maladie est la même que celle de la variole ou petite vérole chez l'homme; elle est très-contagieuse, et elle ne sévit qu'une seule fois sur le même animal. On peut en préserver le troupeau au moyen de la clavélisation ou inoculation, toutes les fois qu'elle a été pratiquée, les résultats ont été couronnés d'un plein succès, elle donne rarement une éruption maligne, sa durée est limitée à cinq ou six semaines. Quand le claveau naturel dure trois, quatre ou cinq mois dans le troupeau, il est ainsi à l'abri d'une seconde clavelée.

On peut claveliser les moutons toute l'année, mais les saisons les plus favorables pour pratiquer cette opération sont le printemps et l'automne en évitant toutefois de la pratiquer par un temps froid et humide, qui pourrait prédisposer les animaux à des accidents. Pour recueillir le virus, on incise les pustules longitudinalement du quinzième au seizième jour, et lorsque le sang a cessé de couler, on recueille la sérosité qui apparaît ensuite, puis avec une lancette ou un petit instrument fort commode, très-expéditif pour cette opération, on fait deux ou trois piqûres à la face inférieure de la queue, et l'opération est terminée.

D. La péripneumonie de l'espèce bovine est-elle contagieuse?

R. Oui, il est reconnu que cette dangereuse maladie est contagieuse, c'est une des maladies de poitrine des bêtes à cornes qui exerce quelquefois de grands ravages dans différentes parties de l'Europe. Elle se présente d'abord à l'état aigu, puis elle passe à l'état chronique.

Au début de la maladie, l'animal a une toux sèche, petite et fréquente, deux ou trois jours après, la rumination est arrêtée, l'animal éprouve de la sensibilité en arrière du garrot dans le trajet de la colonne vertébrale; il rejette, au dehors, des mucosités visqueuses et blanchâtres. Lorsque la maladie a atteint ce degré, huit ou dix jours après son début, elle est difficilement curable; le traitement pratiqué jusqu'à ce jour a eu bien peu d'efficacité. On a néanmoins préconisé l'inoculation sur les indications du Dr Wilhalm. Cette inoculation se fait sous la queue en pratiquant une incision au moyen d'un instrument bien tranchant qu'on a préalablement couvert de mucus ou de sang pris dans les poumons d'un animal récemment mort de cette maladie. A la suite de l'opération il survient de la fièvre, et la perte de l'appétit qui dure une huitaine de jours, après quoi l'animal est préservé de la maladie, comme la vaccine met les humains à l'abri de la petite vérole.

Ce moyen préservatif est généralement employé par les éleveurs d'une grande partie des comtés de l'Angleterre où il a considérablement diminué la mortalité des animaux.

D. La fluxion périodique des yeux est-elle épidémique?

R. La fluxion périodique des yeux ou ophthalmie périodique est épidémique, pour bien des contrées; cette maladie n'est pas spéciale au cheval, elle atteint également le mulet, l'âne, le bœuf et le mouton, qui peuvent aussi en être affectés. Lorsqu'elle est ancienne, la sensibilité de l'œil est exaltée, le globe de l'œil paraît être plus petit et sa couleur approche de celle des feuilles mortes des arbres. Ceci est le signe qui caractérise cette maladie, la plus grave des organes de la vue, c'est pourquoi le succès du traitement est très-incertain.

D. L'immobilité se produit-elle chez toutes les espèces d'animaux domestiques?

R. Non, cette singulière maladie est particulière au cheval, à qui elle donne un air hébété. Lorsqu'on lui croise les jambes de devant ou celles de derrière, elles restent indéfiniment dans cette position. Dans le travail il est difficile à conduire car il ne tient aucun compte de la volonté des personnes qui le guident, souvent il s'emporte et agit d'une manière désordonnée. Lorsqu'on lui présente de l'eau pour boire, il enfonce sa tête jusqu'au fond du vase, ne voyant pas le liquide qu'il contient.

La médecine vétérinaire paraît être impuissante à guérir cette maladie qui, néanmoins, n'est pas incurable, car on en a souvent vu guérir par les seules forces de la nature.

L'immobilité est une maladie rangée parmi les cas rédhibitoires, avec une garantie de neuf jours.

D. Qu'est-ce que le cornage?

R. Le cornage est un sifflement particulier du cheval, c'est une maladie qui paraît avoir une grande analogie avec la maladie des humains connue sous le nom de pousse ou gêne dans la respiration; on peut prévenir les dangers de cette maladie qui est spéciale au cheval en donnant à l'animal qui en est affecté des aliments très-riches en substances nutritives sous un petit volume.

D. Le tic peut-il affecter toutes les espèces d'animaux domestiques?

R. Oui, le tic peut se montrer chez tous les animaux domestiques, mais le cheval en est le plus souvent affecté. On distingue trois espèces de tic : 1° l'un qu'on nomme tic d'appui, parce que l'animal prend un point d'appui sur le corps qu'il ronge ou qu'il serre ; 2° le tic en l'air, dont l'action de l'animal est de porter le nez en haut, sans rien saisir avec les dents ; 3° le tic que l'on dit de l'ours, parce que l'animal piétine ou se balance continuellement. Cette singulière maladie est d'une guérison très-difficile.

D. Quelles sont les espèces animales qui peuvent être affectées par le vertige essentiel ?

R. Le vertige essentiel est, comme il a été dit précédemment, une maladie assez fréquente chez le cheval et les bêtes à cornes, mais elle est plus fréquente chez le cheval. L'animal, au début de la maladie, a l'air hébété, ses yeux sont fixes et il porte la tête basse. Cette maladie est d'une guérison fort difficile.

D. Comment débute la maladie connue sous le nom de morve ?

R. La morve débute par une inflammation des membranes muqueuses. On nomme membrane muqueuse la peau très-fine qui tapisse l'intérieur de la bouche, en se continuant jusqu'à l'anus, des yeux, du nez et des organes de la génération, etc.) desquelles s'écoule un liquide visqueux (mucus) qui s'échappe au dehors souvent en abondance par un seul plus rarement par les deux naseaux. Cette maladie est contagieuse, incurable, et elle se transmet facilement à l'homme.

D. Quels sont les animaux qui peuvent être attaqués par la maladie nommée farcin ?

R. Le farcin est une maladie qui atteint le cheval, rarement l'âne et le mulet, elle attaque quelquefois le bœuf, surtout celui qui travaille. Le farcin est caractérisé par des petites tumeurs dures, par des boutons disposés ordinairement en forme de cordes qui se développent sur le trajet des veines superficielles, principalement aux membres, et par les ulcérations de ces parties. La marche de cette maladie est rapide et l'animal succombe promptement.

Cette maladie est contagieuse du cheval au cheval et de celui-ci à l'homme.

Le farcin est rangé parmi les vices rédhibitoires.

D. Quelles sont les causes qui déterminent le développement de l'épilepsie?

R. Les causes qui concourent au développement de l'épilepsie sont nombreuses, parmi elles, sont les coups donnés sur la tête, la colère, la frayeur, etc., etc. Cette maladie se montre sur les animaux, dans toutes les espèces domestiques. Elle est due aux lésions du cerveau.

L'épilepsie est rangée parmi les vices rédhibitoires prévus par la loi du 20 mai 1838 (article 1er), garantissant le cheval et le bœuf pendant trente jours.

Les maquignons, pour la plupart, connaissent bien cette loi-là, et comme un grand nombre de cultivateurs ne la connaissent pas, nous avons jugé utile d'entrer dans ces détails pour leur faire connaître leur droit de même que les divers moyens à mettre en pratique pour préserver leur bétail de maladies qui sont pour la plupart incurables, et les mettre ainsi à l'abri de l'infortune.

D. Peut-on prévenir l'asphyxie ou les dangers que peut produire la météorisation (gonflement du bétail causé par le trèfle, etc,)?

R. Oui, dans la météorisation des bêtes ovine et bovine, il devient souvent nécessaire de pratiquer la ponction, au moyen d'un instrument qu'on nomme trois-quarts, pour éviter leur asphyxie. Cette opération doit être faite entre les hanches et la dernière côte. On peut aussi employer un instrument fort commode composé d'un long tube en caoutchouc qu'on introduit par la bouche de l'animal jusque dans l'estomac, lequel instrument permet au gaz de sortir au dehors; ou bien encore en faisant avaler à l'animal un peu d'eau dans laquelle on a préalablement versé 5 ou 6 gouttes d'ammoniaque; l'acide carbonique produisant la météorisation en se combinant avec l'ammoniaque, forme un carbonate d'ammoniaque dont le volume est extrêmement réduit.

Signes qui indiquent l'état de santé d'un animal.

D. Quels sont les signes qui indiquent l'état de santé d'un animal?

R. L'animal qui jouit d'une bonne santé se reconnaît à la vivacité, à la facilité, à la manière dont s'accomplissent toutes ses fonctions, c'est-à-dire que tous ses organes fonctionnent bien, surtout ceux qui président à la digestion. Il a l'œil vif, les poils lisses et brillants, il dresse les oreilles et s'occupe de ce qui l'entoure; son appétit est toujours suffisamment excité, acceptant tous les aliments qui lui sont présentés, sans les trier, quelles que soit leur nature et l'heure de la journée à laquelle on les lui donne; sa gaieté, son entrain indiquent un animal très-bien portant; il doit être préféré à un animal difficile. Partout où la peau est à nu, elle doit présenter une couleur rosée; il faut que celle du mufle soit convenablement lubrifiée.

Il faut que ses yeux soient beaux et égaux; leur proportion inégale est un défaut qui doit rendre l'animal suspect; les joues doivent être nettes sans boursouflures; il faut que les parties placées à droite et à gauche du corps de l'animal se ressemblent bien, un côté plus faible annonce que l'animal a été malade ; la prudence veut alors qu'on consulte ses antécédents.

Un animal triste, inquiet, abattu, qui trie son fourrage, est une bête dont on doit se défier. Lorsqu'un animal se vide facilement, c'est l'indice de faiblesse générale, ou c'est dû à une mauvaise conformation ou à un défaut d'équilibre entre les membres antérieurs qui sont trop élevés proportionnellement à ceux de derrière. De même la nature des déjections indique aussi un état normal ou un état maladif de l'animal. Les poils doivent être assez abondants, une peau dénudée de poils ou de laine indique une maladie, de même que lorsque les poils sont hérissés.

Signes qui indiquent qu'un animal est d'une bonne ou d'une mauvaise constitution.

D. Faites nous connaître ce qui indique qu'un animal est bien ou mal constitué?

R. Une poitrine serrée derrière les épaules indique un défaut des parties musculaires de cette région du corps. Les flancs pleins sans dépression est un signe de bonne constitution, tandis que les flancs creux indiquent le contraire. La rigidité de la colonne vertébrale est une chose importante chez tous les animaux quelque soit le service qu'on leur demande, parce qu'elle indique généralement un animal plein de force et d'énergie, c'est un signe de bonne constitution générale de l'animal, ceci indique qu'il utilise bien sa ration. Lorsque cette colonne qui supporte tous les organes contenus dans les cavités thoracique et abdominale n'est pas horizontale, que la partie postérieure est plus élevée que la partie antérieure, il en résulte de grands inconvénients en ce que les viscères abdominaux, qui sont très-glissants, descendant sur le diaphragme, empêchent son action et gênent les mouvements de la respiration, outre l'inconvénient du défaut d'équilibre avec les membres antérieurs, ce qui fatigue l'animal, même dans l'état de station.

Ce défaut est capital chez les femelles qui sont très-gênées dans l'acte de la respiration pendant la gestation, ce qui fatigue d'autant l'organisme et ruine l'animal.

Quand la colonne vertébrale est ensellée, sa flexion, due au poids de tous les viscères contenus dans ces deux cavités, est aussi un grand défaut qui ne doit être passé qu'aux vieilles vaches laitières, lesquelles manquent de force.

La colonne vertébrale fléchie, un falon trop développé chez le bœuf, et des plis à la peau indiquent un mauvais animal de travail et de boucherie. La cravate ou tout autre pli de la peau chez le mouton, ce qui cependant est recherché par quelques éleveurs, occasionne des pertes, par la grossièreté de la laine dans ces parties de l'animal. Les animaux qui ont ainsi des plis à la peau ont un tube intestinal d'autant plus développé que les plis sont plus nombreux et plus étendus. La peau d'un animal doit circonscrire convenablement la surface du corps sans être appliquée trop étroitement sur lui. Chez les animaux qui ont des plis, le ventre est généralement très-développé, ils ont une panse volumineuse.

Tout ce qui est lié à de grosses cornes et à des sabots grossiers est l'indice d'un animal d'une mauvaise constitution. Une certaine épaisseur de la peau n'est pas à rebuter pourvu qu'elle soit souple, molle, très-élastique.

Le caractère que présentent les poils, les cornes et les sabots indique qu'il y a toujours entre toutes ces parties une grande harmonie avec la peau. Lorsque les cornes sont blondes, lisses ou très-régulières, c'est d'un heureux augure pour la bonne constitution de l'animal.

Des cornes volumineuses et grossières doivent donner de la méfiance sur les qualités de l'animal, car lorsqu'il utilise bien ses aliments, l'animal a la poitrine très-développée avec des cornes petites, délicates et des ongles ou des sabots fins

DE L'ESPÈCE OVINE

SON ORIGINE ET SES QUALITÉS.

D. Connaît-on l'origine de l'espèce ovine? Dites-en un mot de même que de ses qualités.

R. Dès les temps les plus reculés, on voit le mouton placé par le Créateur à côté et sous la domination de l'homme, avant les espèces bovine et chevaline. Après le mouton vient ensuite l'espèce bovine qui, elle aussi, était destinée à nourrir l'homme, et que des figures grossières nous montrent sur les anciens monuments de l'Égypte. Puis beaucoup plus tard apparait le cheval utilisé par l'homme.

Les Égyptiens, qui étaient de bons observateurs, rendaient parfaitement, au moyen du dessin, les formes de ces animaux, qu'il n'est pas possible de méconnaître. En dehors de ces images, aucun traité n'en fait mention, si ce n'est la Bible qui nous montre Abel pasteur, conduisant des moutons domestiques, pâturer dans des herbages naturels, de même que nous voyons encore aujourd'hui des peuples pasteurs dans les Arabes. Ces races primitives des moutons sont signalées par la Bible comme étant laitières ; elle nous apprend en outre que ces animaux agnelaient deux fois dans la même année le premier agnelage avait lieu au printemps, et le second à l'automne.

Les brebis arabes sont très-laitières, et elles ont conservé cette fécondité signalée par la Bible, car elles donnent deux portées par an ; elles ont une toison très-jarreuse.

D. A quel groupe d'animaux l'espèce ovine appartient-elle ?

R. L'espèce ovine, de même que celles bovine et caprine appartiennent à l'ordre des ruminants.

D. Quel nom donne-t-on aux individus de cette espèce, aux différents âges ?

R. On a donné le nom de bélier au mâle complet, et celui de brebis à la femelle, l'un et l'autre étant adultes, et on donne le nom d'agneau à ceux âgés de moins d'un an et celui d'antenois aux animaux des deux sexes âgés d'un à deux ans ; enfin, on donne celui de mouton indistinctement aux uns et aux autres, mais plus généralement aux animaux mâles castrés.

Les animaux de l'espèce ovine sont en général l'objet d'une spéculation simple qui exige de vastes étendues de terres, où ils puissent pâturer. C'est pourquoi le mouton est l'animal le plus convenable pour la grande culture dans les pays où le sol est pauvre, ou peu fertile, il peut se nourrir et même s'engraisser sur de mauvais pâturages où les bêtes bovines ne pourraient pas vivre.

Si la production de la laine offre quelque avantage aux cultivateurs, l'élevage et l'engraissement des moutons leur en présentent de beaucoup plus grands (voy. p. 132). Les conditions d'un grand profit sont, toutefois, dans la réduction des branches ou la spécialisation, parce qu'elle entraîne nécessairement avec elle la diminution des dépenses, en augmentant sûrement les profits.

C'est ce que les cultivateurs anglais ont parfaitement compris et ce qu'ils ont su mettre en pratique. On voit, en effet, en Angleterre, des fermes où on ne fait que des élèves des animaux de l'espèce ovine ou ceux de l'espèce bovine (il n'y a pas de petite culture dans ce pays), dans d'autres fermes on engraisse soit des moutons, soit des bœufs, ils font tout l'un ou tout l'autre, jamais les deux opérations à la fois. Ils ont peu de mal et gagnent ainsi beaucoup plus d'argent qu'en faisant plusieurs spéculations en même temps.

Les pâturages sont importants pour les bêtes ovines qui ne doivent pas être nourries en stabulation, attendu qu'elles utilisent moins bien leur fourrage à la bergerie que ne le font les animaux de l'espèce bovine à l'étable.

Il est reconnu théoriquement et pratiquement que la même quantité de nourriture produit un moindre effet utile chez les animaux d'un petit volume que chez ceux d'un gros volume, dont la surface est, à poids égal, moins grande que celle des petites bêtes, de sorte que, d'après les lois de la nature relatives aux pertes des gaz et de la chaleur, sur toute la surface du corps des animaux, étant appliqués indistinctement sur toute surface animale ; il en résulte que l'étendue de la peau d'un animal de 500 kilogrammes étant inférieure à celle de 10 moutons qui donneraient ensemble un poids égal à 500 kilogrammes, la dépense fourragère de ceux-ci serait assurément plus grande que celle des premiers.

Nonobstant ceci, les bêtes ovines présentent des avantages plus grands dans certains domaines, que ceux que présentent les grandes espèces animales ; car elles ont la faculté de saisir et d'utiliser les plus petits brins d'herbe qui, sans elles, seraient perdus. En outre, les bêtes à laine peuvent être nourries dans certaines contrées pendant neuf, dix, onze et même douze mois de l'année sur des pâturages, comme le sont les moutons en Écosse et en Angleterre, où presque tout le bétail couche dehors en toute saison.

Depuis longtemps déjà, les Anglais qui n'ignorent pas que l'usage de la viande, comme aliment de l'homme, est la source féconde de la vie, de la force et de la santé, ont pris nettement le parti de s'attacher à produire uniquement de la viande et du blé dans la mère patrie. Laissant, encourageant même les habitants de leurs colonies à produire des laines fines. De sorte qu'aujourd'hui ils sont en position de fournir les laines fines dont les industriels du continent européen ont besoin.

Eh bien, sans les copier servilement, faisons comme eux, laissons aux colons de la Nouvelle-Calédonie et de nos autres colonies lointaines, le soin de produire des laines fines pour nos industriels, et produisons en abondance de la viande dans la mère patrie ; car nous en avons grand besoin ; et, pour satisfaire ce besoin, hâtons-nous de faire disparaître nos races défectueuses, qui dépensent nos fourrages sans profit ; en les remplaçant soit au moyen de troupeaux de progression, soit en les absorbant par le croisement, dans les races anglaises améliorées.

Les animaux de l'espèce bovine améliorés par les Anglais, particulièrement ceux de la race de Durham, qui sont, à juste raison, si appréciés par les cultivateurs intelligents de tous les pays civilisés, n'est pas la seule race améliorée qui ait attiré sur elle l'attention de bon nombre de ces hommes d'élite, vieillis dans la pratique de leur noble et belle profession. Les animaux des espèces ovine et porcine améliorés aussi par les Anglais, en vue de la production hâtive de la viande, ont été aussi l'objet de leur admiration. C'est pourquoi, en juges compétents en cette matière, ils se sont empressés d'introduire dans leurs domaines, les races les plus parfaites et les mieux appropriées, tant aux ressources fourragères dont ils pouvaient disposer, qu'aux exigences de celles-ci, afin de les satisfaire.

Voici les races auxquelles ils ont donné la préférence, et qui paraissent le mieux convenir à notre pays. Mais avant d'en parler disons un mot de leur classification en Angleterre.

On partage, en Angleterre, les différentes races de l'espèce ovine, en trois groupes établis d'après les caractères que présente leur toison. Dans le 1er groupe, sont les races à laine longue ; dans le 2e groupe, sont celles à laine de moyenne longueur, et dans le 3e groupe, sont les races à laine courte.

Dans le premier groupe sont placées les races de Dishley, qui comprend aujourd'hui, les Leicester ou New-Leicester, les Lincolnshire, celle Cotswold et la race Face-noire d'Ecosse. Le second groupe comprend la rare cheviot, etc. Et dans le troisième groupe sont placées les races Southdown et New-Kent. Il existe beaucoup d'autres races dans chacun de ces trois groupes ; notre intention étant de ne faire connaître que les races qui sont améliorées de longue date, nous nous arrêtons à celles énumérées ci-dessus.

Races à laine longue.

RACE NEW-LEICESTER

La race de moutons connus en France sous le nom de Dishley tire son nom de celui de la ferme de Robert Bakewell, l'illustre fondateur de la race ovine qu'il nomma New-Leicester il y a plus de 90 ans. Cette race s'est répandue du Leicestershire dans le Warwickshire, le Northamptonshire, le Nothinghamshire, le Lincolnshire et les comtés du centre de l'Angleterre riches en pâturages.

C'est en 1755 que Robert Bakewell prit possession de la ferme de Dishley, dans le comté de Leicester, situé vers le centre de l'Angleterre. Ce pays est très-riche en herbages où les animaux de boucherie se trouvent dans de bonnes conditions alimentaires, qui aidèrent puissamment le génie du célèbre éleveur, pour en faire des types d'animaux de boucherie.

Les animaux de la race de Dishley comme ceux des autres races améliorées étaient hauts sur pattes, et très-défectueux dans leur conformation; ils pesaient alors, c'est-à-dire avant l'amélioration de la race, de 45 à 56 kilogrammes, ils étaient livrés à la boucherie entre 3 et 4 ans. Leur toison, lavée, pesait de 4 à 6 kilogrammes, la longueur du brin de laine était de 25 à 35 centimètres.

Bakewell qui était animé de sentiments aussi philanthropiques que patriotiques ne recula devant aucun sacrifice pour atteindre le but qu'il avait marqué : celui d'améliorer les animaux de boucherie en vue de produire promptement beaucoup de viande de bonne qualité, réclamée par les besoins du pays ; ne tenait aucun compte de la laine. Et il eut la satisfaction de voir son travail incessant et très-intelligemment exécuté, couronné d'un plein succès.

Bakewell, attentif observateur, comprit que le guide qu'il devait suivre dans cette opération difficile, était la physiologie (les lois de la nature) ; il fit alors un bon choix dans tous les troupeaux du comté dans lequel il opérait, car il attachait une très-grande importance au choix de ses reproducteurs, choix qu'il unit ensemble ; puis nourrissant abondamment les animaux issus de ces alliances il obtint en même temps que la précocité, la réduction des extrémités au profit du tronc. En agissant ainsi, il est parvenu à obtenir des moutons dont la viande a atteint sa maturité complète à 12 mois, âge auquel ils sont livrés à la boucherie en donnant un poids de 40 à 50 kilogrammes de viande aux 4 quartiers et à 2 ans le poids élevé de 55 à 60 et même 70 kilogrammes de viande à la cheville. Mais la laine s'est raccourcie, elle n'a actuellement que de 15 à 20 centimètres de longueur; et la toison lavée ne pèse plus que 3 à 4 kilogr.; la laine en est grossière et forte, très-bonne pour le peigne, elle a un brillant qui lui est favorable et qui la fait rechercher.

La race new-leicester n'est pas rustique, elle exige une alimentation abondante et d'une manière constante ; ses qualités assimilatrices ont nui à sa fécondité.

On rapporte que Bakewell louait ses béliers pour la monte d'une saison pour le prix fabuleux de 160,000 fr.

En 1793, un fermier de ce pays vendit 130 brebis leicester pour 80,000 francs.

La race new-leicester s'est répandue dans les marais de l'est de l'Angleterre. Elle a été introduite en France où elle a offert de grands avantages aux éleveurs de la Flandre, de la Picardie et de la Normandie qui l'ont introduite dans leurs domaines ; elle conviendrait également dans les autres parties du territoire français, riches en pâturages et même dans les pays marécageux de notre patrie, où les races françaises ne peuvent vivre.

RACE COTSWOLD.

D. Parlez-nous de la race cotswold dont on s'occupe beaucoup en Angleterre ?

R. La race cotswold habite les plaines partiellement accidentées du comté de Glocester. Ce pays était jadis couvert de bruyères, que la culture des plantes fourragères racines et l'amélioration du bétail ont singulièrement contribué à fertiliser le sol de ces comtés qui naguère encore était stérile. Cette race est peu connue en France où les races southdown et new-leicester ont déjà une certaine renommée. Cependant elle a atteint un haut degré de perfection sous le rapport de la forme de son corps, du poids élevé qu'elle atteint généralement à 12 ou 15 mois quoique son amélioration soit bien moins ancienne que celle de ces deux dernières. Elle n'a peut-être pas encore une bien grande puissance de reproduction pour fixer d'une manière invariable son caractère dans ses produits. Mais c'est une race précieuse en ce qu'elle n'est ni exigente, ni difficile sur le choix de sa nourriture; les animaux de cette race sont voraces et ils ne dédaignent pas de manger les restes des porcs.

Les agneaux ont une toison épaisse qui les met à l'abri des froids rigoureux de l'hiver. Les animaux de cette belle race arrivent aux abattoirs à 12 et 15 mois, ils pèsent alors entre 40 et 46 kilogrammes aux 4 quartiers, et à 2 ans ils atteignent un poids de 66 à 70 kilogrammes à la cheville, on en a vu qui atteignaient 32 kilogr. par chaque quartier. La longueur de leur laine est de 15 à 20 centimètres et le poids de la toison, lavée, est de 3 à 4 kilogrammes.

On a essayé de l'améliorer par le croisement; les uns avec les Leicesters et les autres avec les Southdown; on prétend en Angleterre que son amélioration par la sélection donne des résultats meilleurs que ceux qui sont obtenus par le croisement.

Les animaux de cette race sont à âge égal presque toujours plus pesants que ceux des races Leicester et Southdown; lorsqu'on les laisse vieillir, ils atteignent souvent un poids énorme qui dépasse 100 hilogr. aux 4 quartiers.

RACE A FACE-NOIRE D'ÉCOSSE.

D. Quelles sont les qualités de la race face-noire d'Ecosse ?

R. La race face-noire (black-faced) d'Ecosse habite les montagnes de ce pays, couvertes de bruyères ; elle fait, comme la précédente race, partie du groupe à longue laine, elle est très-rustique, point exigente, elle s'accommode à de très-maigres pâturages ; mais c'est une race tardive. Les moutons de la race face-noire sont livrés à la boucherie entre 3 et 4 ans ; en donnant de 28 à 30 kilogr. de viande aux 4 quartiers. Leur toison lavée pèse de 2 kilogr. à 2 kilogrammes 500.

Race à laine intermédiaire.

RACE CHEVIOT.

D. La race Cheviot est-elle exigente ? Quelles sont ses qualités ?

R. Cette race habite, comme la précédente, les montagnes de l'Ecosse qui sont très-pauvres en ressources fourragères ; et quoique le climat de ces contrées soit très-froid, très-rigoureux l'hiver, ces malheureuses bêtes sont constamment (nuit et jour en été et en hiver) dans les champs sans abri.

La race Cheviot est très-rustique ; et elle est fort accommodante pour sa nourriture. Mais c'est une race tardive qui n'est livrée à la boucherie que vers trois ans ; elle pèse alors, de 32 à 36 kilogrammes aux 4 quartiers. Le poids de sa toison, lavée, est en moyenne de 2 kilogr. 500 à 3 kilogr.

Races à laine courte.

RACE SOUTHDOWN.

D. Faites-nous connaître les qualités de la race southdown qui paraît être très-recherchée en France et dans les autres pays de l'Europe ?

R. Cette race habite la chaîne des montagnes crayeuses qui traversent les parties méridionales des comtés de Kent, de Sussex, du Hampshire et du Dorsetshire généralement désignées sous le nom de Southdown.

La race southdown est caractérisée par la couleur brune de sa tête et des extrémités de ses membres. Elle était jadis tardive et très-mal conformée pour la boucherie, comme toutes les autres races anglaises ; elle était étroite, haute sur pattes avec la tête chargée de cornes.

Depuis qu'elle est améliorée, la race southdown pèse, entre 12 et 15 mois, âge auquel elle est livrée à la boucherie, de 40 à 46 kilogrammes aux 4 quartiers, et à 2 ans son poids tateint de 50 à 60 kilogrammes à la cheville. Sa toison lavée pèse de 2 kilogr. 500 à 3 kilogr., elle se vend ordinairement de 2 fr. 75 à 3 fr. le kilogr.

La race southdown est très-répandue dans toute la partie méridionale de l'Angleterre ; elle est rustique, très-féconde. bonne mère, point exigente, elle s'accommode à de mauvais comme à de bons pâturages. C'est de toutes les races anglaises améliorées, celle qui convient le mieux aux cultures de notre pays.

Il y a quelques années M. Jonas Webb, de la ferme de Babraham, offrait aux enchères 150 béliers southdown, pour la monte d'une saison, c'est-à-dire pour quelques semaines. Les prix ont varié entre 450 fr. et 3,650 francs ; 3 béliers ont été loués en moyenne 3,500 fr. chacun, 14 autres ont été loués en moyenne 2,500 francs chacun. Cette location des béliers southdown a lieu tous les ans pour la monte des troupeaux. Ceci en dit assez des précieuses qualités de cette race.

RACE NEW-KENT.

D. Dites-nous ce qu'est la race new-kent ?

R. La race new-kent doit son nom au comté de Kent dont le climat est doux et constant. Cependant, malgré les abondantes ressources fouragères de cette partie de l'Angleterre, les moutons new-kent étaient, avant l'amélioration de la race, hauts sur pattes, avec un long corps ; ce qui leur donnait de la taille sans poids.

Quelques éleveurs de ce comté voulurent tout d'abord introduire dans ce pays, à sa place, la race améliorée new-leicester ; mais elle n'y réussit pas ; de sorte qu'ils durent y renoncer et améliorer la race locale par la sélection.

Les moutons de la race new-kent sont livrés à la boucherie entre 15 mois et 2 ans, ils pèsent de 50 à 60 kilogr. aux 4 quartiers ; leur toison, dont la laine est fine, pèse de 2 à 3 kilogr. lavée ; elle se vend ordinairement 2 fr. 75 à 3 fr. le kilogr.

La race de la Charmoise qui produit des bêtes très-appréciées pour son poids élevé et sa précocité, dans les Concours publics d'animaux de boucherie, a été créée par le croisement du bélier new-kent avec des brebis du pays.

Les agriculteurs anglais pratiquent très-souvent le croisement dans les trois espèces différentes d'animaux de boucherie ; mais, c'est pour obtenir promptement de bons produits pour la consommation. Rarement ils ont eu recours à ce procédé pour créer leurs races perfectionnées pour la boucherie.

ESPÈCE PORCINE

D. A quel groupe d'animaux le porc appartient-il?

R. Le porc, de même que le cheval, l'éléphant et l'hippopotame, etc., appartient à l'ordre des pachydermes (peau épaisse). Il était inconnu en Amérique et dans l'Océanie avant la découverte de ces deux parties du monde, par les Européens. Ceux-ci, en transportant ces animaux dans ces contrées lointaines, leur donnèrent la liberté, mais leur tendance à se soumettre et à vivre près de l'homme les a fait rester non loin de lui.

D. Quel nom donne-t-on à ces animaux aux différents âges de la vie?

R. On donne généralement le nom de porc aux animaux castrés, celui de verrat au mâle complet, de truie à la femelle et ceux de goret ou de porcelet aux jeunes animaux de cette espèce ; et ceux de cochon ou de pourceau indistinctement aux uns et aux autres. Le cochon appartient à une espèce multiple.

D. Qu'entend-on par espèce multiple?

R. L'espèce porcine est une espèce multiple, c'est-à-dire qu'elle donne plusieurs petits à chaque portée. Ce sont de tous les animaux domestiques, mammifères, les plus féconds. Ils peuvent donner deux ou trois portées de 12 à 15 petits par an. D'après les calculs du maréchal Vauban, sur la multiplicité des animaux de cette espèce, une seule truie peut produire, en dix générations, 6,634,838 petits.

Les marécages paraissent convenir au cochon, qui est l'animal de boucherie le moins difficile à nourrir ; c'est aussi celui qui s'assimile le plus complètement tout ce qu'il y a de nutritif dans les aliments ; c'est pour cette raison qu'il produit un fumier pauvre en matières fertilisantes.

Trois spéculations principales peuvent être fondées sur l'espèce porcine : 1° l'élevage ; 2° l'élevage et l'engraissement ; 3° l'engraissement seul.

Dans l'élevage de tout animal destiné à produire de la viande, soit des veaux, soit des agneaux ou des porcelets, la nourriture doit être, dès leur naissance, très-substantielle, c'est-à-dire très-riche en matière azotée telle que le lait écrémé, les graines légumineuses (les vesces, les pois, les lupins, les fèves ou les féverolles, etc.) ou le seigle, le froment, le sarrasin, etc., réduits en farine et délayés dans l'eau ou mieux encore dans le lait écrémé, afin d'obtenir une grande masse de chair musculaire. Tandis que dans l'engraissement le régime doit être tout différent dans sa composition ; plus il contiendra de matières grasses, huileuses, sucrées, féculentes ou amilacées, plus aussi l'animal s'engraissera promptement. Si on nourrissait les animaux dans leur jeune âge avec ces dernières substances, ils donneraient beaucoup de graisse et peu de chair musculaire, parce qu'il est impossible que l'animal fasse des matières azotées avec des aliments carbonés sans azote ; alors leur viande trop grasse ne serait pas mangeable.

Le cochon aime généralement une nourriture aqueuse, attendrie par la cuisson ou à un certain degré de fermentation qui plaît également aux bêtes bovines. Il utilise toute espèce de fourrage, il utilise même les résidus des autres espèces animales; enfin toute espèce de substance animale ou végétale est pour lui un aliment. Il est important, surtout pour les animaux de cette espèce, que la distribution des repas soit faite d'une manière régulière, et de les mettre à un régime végétal quelques mois avant leur abattage, si on veut obtenir d'eux une chair savoureuse et délicate.

Lorsque les cochons engraissés ont une chair molle, on peut facilement la rendre ferme en leur donnant des fèves à manger quelques jours avant qu'ils soient abattus, les graines des plantes légumineuses ayant la merveilleuse propriété de rendre la viande du cochon ferme.

Lorsqu'on se livre aux spéculations offertes soit par l'élevage, soit par l'engraissement des cochons, on doit choisir les races les plus parfaites dans leur conformation, celles qui ont une plus grande précocité, puis les moins difficiles pour la nourriture, et aussi celles qui sont douées de la plus grande aptitude d'assimilation.

Les races de l'espèce porcine que nous possédons en Europe ont été partagées en deux grandes divisions; dans l'une sont les animaux de grande taille, et dans l'autre ceux de petite taille.

Les races de grande taille ont les oreilles larges et pendantes; elles sont très-mal conformées comme animaux de boucherie, étant hautes sur pattes avec le corps plat et mince. C'est une mauvaise conformation pour produire beaucoup de viande. Les races anglaises ont à peu près la forme d'un cylindre, le mufle et la tête sont peu apparents, leurs pattes et leurs oreilles sont extrêmement réduites. Elles sont rustiques, pas du tout difficiles pour la nourriture; elles ont une grande précocité, comparativement aux races françaises, et elles s'engraissent facilement. Ainsi que les autres espèces anglaises, elles se répandent, fort heureusement, de plus en plus dans nos campagnes, en France.

L'amélioration des animaux des races porcines diffère beaucoup de celle des espèces ovine et bovine, quant à la forme de celles-ci, qui doit s'approcher le plus possible d'un parallélipipède, tandis que celle des animaux de l'espèce porcine doit représenter un cylindre.

Tous ces animaux doivent être améliorés en vue d'arriver le plus promptement possible à l'abattoir en donnant le poids le plus élevé qu'il soit possible d'atteindre pour la même quantité d'aliment consommé.

Espèce porcine, races françaises pures.

RACE NORMANDE OU DE LA VALLÉE D'AUGE.

D. Quelles sont les qualités de la race normande de la vallée d'Auge?

R. Cette race a les oreilles étroites et pendantes, sa tête est petite avec le front déprimé, son groin est large et saillant; son corps est long et épais; ses soies sont peu nombreuses et de couleur blanche; ses os sont généralement plus délicats que ceux des autres races françaises. Elle a une certaine aptitude à l'engraissement. Son poids atteint communément 300 kilogrammes. Nous avons vu un individu de cette race qui pesait 450 kilogrammes.

RACE CRANAISE.

D. Dans quel département se trouve la race cranaise?

R. La race cranaise habite le département de la Mayenne; elle est précoce et passablement fine.

RACE LIMOUSINE.

D. Parlez-nous des qualités et des défauts de la race limousine.

R. Cette race a la tête grosse et large, le front saillant, les oreilles longues et pendantes, les pattes longues et fortes et le corps long; ses soies sont rudes au toucher, épaisses et noires ou blanches. Elle paraît être estimée des charcutiers. Son poids approche communément celui de 200 kilogrammes.

RACE DU PÉRIGORD.

D. Dites-nous un mot des qualités et des défauts de cette race.

R. La race périgourdine a l'oreille petite et presque droite, son cou est court et gros; son corps large, assez ramassé; ses soies sont rudes au toucher et de couleur noire. Son poids approche quelquefois de 200 kilogrammes.

RACE ANGLO-CHINOISE.

D. Parlez-nous des qualités et des défauts de la race anglo-chinoise.

R. Cette race est la plus remarquable comme bête de boucherie. Elle fut améliorée d'abord par les Chinois et ensuite par les Anglais. Ses membres sont très-peu développés et elle a une grande aptitude à l'engraissement. Sa couleur est généralement noire.

Cette race est plus rustique que la tonquine; c'est une des races de l'espèce porcine des plus recommandables.

Races anglaises pures.

D. Faites-nous connaître les qualités et les défauts des races anglaises de l'espèce porcine.

RACE BIRKSHIRE.

R. D'abord, la race birkshire, la plus anciennement améliorée, est très en chair, proportionnellement à la graisse;

sa couleur est généralement fauve, mêlée de taches noires et blanches; elle est rustique et douée d'une grande fécondité et d'une grande précocité.

Nous avons vu un individu de cette race qui pesait, à seize mois, 335 kilogrammes.

RACE ESSEX.

D. Quelles sont les qualités de la race essex ?

R. Cette race, qui est depuis longtemps améliorée, forme souvent un véritable cylindre de graisse.

RACE MIDDLESEX.

D. Parlez-nous de la race middlesex ?

R. Le pelage de la race middlesex est généralement blanc et noir. Nous avons vu un individu de cette race qui pesait, à douze mois et trois jours, plus de 200 kilogrammes.

RACE NEW-LEICESTER.

D. Faites-nous connaître les qualités de la race New-Leicester?

R. La race new-leicester a les pattes et le mufle très-courts; sa peau, qui est de couleur blanche, est fine et presque sans couenne; elle est douée d'une grande précocité. C'est une des meilleures races que nous connaissions. Son poids atteint et dépasse souvent 300 kilogrammes. Nous avons vu un individu de cette race qui pesait 515 kilogrammes. Croisée avec les races françaises, elle donne de très-bons produits.

Expériences faites en Allemagne pour connaître les qualités des races anglaises de l'espèce porcine.

D. Ne s'est-on pas beaucoup occupé, en Allemagne, en France et dans d'autres pays, d'expériences sur les animaux de races anglaises et de races allemandes ou françaises pures et sur les individus issus du croisement de ces races?

R. Oui, en France, en Allemagne et dans beaucoup d'autres pays où les races des diverses espèces d'animaux domestiques améliorées par les Anglais ont été introduites, on s'est livré à une foule d'expériences comparatives faites dans le but de bien connaître les qualités des animaux pur sang de ces pays et aussi celles des animaux provenant du croisement des femelles allemandes ou des femelles françaises, les unes et les autres de sang pur, avec les mâles des races anglaises pures.

D. Faites-nous connaître les résultats obtenus de ces expériences.

R. Voici les résultats obtenus dans le domaine de Coverden, dans la Hesse électorale, en Allemagne :

On a engraissé comparativement vingt-quatre porcs qui ont reçu la même ration alimentaire répartie en quatre repas, et composée de 1 kilog. 40 de grains concassés et de 2 kilog. 33 de pommes de terre. Chaque matin, on cuisait les pommes de terre à la vapeur, et on les mélangeait avec les grains, de manière à former une espèce de bouillie.

Dans les 24 porcs on comptait : 1° 10 animaux issus d'un croisement de truies allemandes avec un verrat de race suffolk (anglaise) ; 2° 10 porcs de race suffolk pure ; 3° enfin 4 porcs de race allemande.

Tous ces animaux étaient âgés de neufs mois au moment de l'expérience. Les dix porcs de race croisée, formant le lot n° 1, pesaient ensemble, au début de l'engraissement, 481 kilog., soit, par tête, 48 kilog. Le poids du lot n° 2, composé de dix porcs de race suffolk pure, s'élevait à 537 kilog., soit, par tête, 53 kilog. Quant au lot n° 3, les quatre animaux qui le constituaient accusaient un poids de 176 kilog., soit, par tête, 44 kilogrammes.

Après avoir été soumis pendant trente-sept jours au régime alimentaire dont nous avons indiqué plus loin la composition, le lot n° 1 pesait 677 kilog., soit, par tête, 67 kilog.; le lot n° 2 donnait un poids de 758 kilog., ou, par tête, 75 kilog.; enfin, le lot n° 3 pesait 234 kilog., soit, par tête, 58 kilogrammes.

L'augmentation de poids en trente-sept jours a donc été, pour le lot n° 1, de 19 kilog. 61 par tête; pour le lot n° 2, de 22 kilog. par tête, et enfin, pour le lot n° 3, de 14 kilog. 47 par tête.

En prenant les grains concassés pour unité et en admettant, d'après cela, que les 2 kilog. 33 de pommes de terre qui entraient dans la composition de la ration puissent être représentés par 584 grammes, on trouve que pour 1 kilogramme de grains concassés les porcs ont produit, en trente-sept jours, savoir : le lot n° 1, — 252 grammes; le lot n° 2, — 280 grammes; et enfin le lot n° 3, — 185 grammes seulement.

Ces résultats sont parfaitement conformes à ceux qui ont été obtenus en France dans des expériences semblables; ils viennent s'ajouter aux faits qui militent en faveur de la propagation des races anglaises de l'espèce porcine, comme de celles des espèces bovine et ovine.

Voici les résultats des expériences faites par M. Boussingault dans son domaine de Bechelbronn, en France :

Nombre de gorets.	Poids de la portée à la naissance.	Poids par tête.	Poids des gorets après 36 jours d'allaitement.	Poids par tête.	Gain par tête.	Gain par jour.	Observations.
	kil.	kil.	kil.	kil.	kil.	kil.	
5	6,25	1,25	39,50	7,90	6.65	0,180	Race du pays longues oreilles
10	12,25	1,23	115,50	11,55	10,32	0,291	Croisée avec race anglaise.
7	7,88	1,13	71,00	10,14	9,01	0,250	id.
2	2,00	1,00	23,00	11,50	10,50	0,290	id.
7	9,00	1,29	75,50	10,79	9,50	0,260	id.
8	8,80	1,10	52,00	6,50	5,40	0,150	Race du pays.
3	3,60	1,20	21,50	7,17	5,97	0.170	id.

Ainsi, tandis que les animaux nés des races françaises pures donnaient 0k,150 — 0k,170 — 0k,180 grammes de gain vif par jour, ceux issus du croisement avec le verrat anglais produisaient 0k,250 — 0k,260 — 0k,290 — et 0k,291 grammes de gain vif par jour, avec la même ration alimentaire. Si c'eût été des animaux de la race anglaise pure, ils auraient plus que doublé ce gain vif par jour.

ESPÈCE BOVINE

Dites-nous un mot de la nomenclature des animaux de l'espèce bovine.

R. Dans l'espèce bovine, on donne le nom de taurillon au jeune animal mâle, et celui de taureau à la bête adulte qui, comme le premier, n'a pas subi l'opération de la castration. On donne le nom de génisse aux jeunes vaches qui n'ont point porté, et celui de vache à la femelle qui a porté; on nomme bouvillon le jeune bœuf, et bœuf l'animal adulte qui, l'un et l'autre ont été castrés, et celui de bovine aux femelles qui ont été soumises à cette opération; enfin on donne le nom de veau aux très-jeunes animaux de l'un et l'autre sexe.

D. Quelles sont nos meilleures races de boucherie, dans l'espèce bovine?

R. De toutes les races françaises de l'espèce bovine, la race charolaise seule mérite, tant par sa conformation que par sa précocité, qu'on s'occupe de son amélioration par la sélection en vue de la production de la viande. Toutes les autres races exigeraient un temps trop long pour obtenir de bons résultats; on aura donc plus d'avantage à les absorber par le croisement avec le taureau Durham, en les remplaçant pour le travail, soit par des ânes ou des mulets, dans la petite culture. Ces animaux sont sobres, peu dispendieux, rustiques et travailleurs, ils présentent des avantages certains au cultivateur qui remplacera ses bœufs de travail par des bêtes de boucherie, car outre les avantages quotidiens d'un gain vif assez élevé, ces derniers produiront un fumier dont la valeur fertilisante est bien supérieure à celle du fumier des bœufs de travail et à celui des vaches laitières, lui permettra d'obtenir de bonnes récoltes de blé et de racines fourragères, étant plus que tout autre à même de leur donner les soins nécessaires à leur bonne venue.

Quant à la grande culture, elle a également intérêt à substituer le cheval au bœuf de travail, si elle veut remplacer celui-ci par un animal de boucherie obtenu par le croisement des vaches de la localité avec le taureau Durham.

De la production du lait.

D. Le lait a-t-il une grande importance dans l'alimentation de l'homme ?

R. Le lait a une trop grande importance comme aliment de l'homme, soit consommé en nature ou sous la forme de fromage, pour que nous terminions cet opuscule sans faire connaître les différentes races laitières de l'espèce bovine qui donnent généralement de bons produits.

D. Quels sont les organes chargés de sécréter ce précieux liquide ?

R. Les mammifères, après avoir vécu du sang de leur mère, dans son sein, vivent encore aux dépens de celle-ci dans les jours qui succèdent à leur naissance, au moyen de certains principes qui sont extraits du sang à l'aide d'organes particuliers qu'on nomme glandes mammaires, qui sont situées dans les mamelles, où elles sont chargées de sécréter un liquide particulier qu'on nomme le lait.

La structure de cet organe important représente un

agglomération de petites vésicules groupées les unes à côté des autres pour verser leur produit dans de petits canaux qui se jettent ensuite dans de plus grands conduits se rendant dans un grand canal commun qui se termine au bout de chaque mamelon ou trayon.

D. Comment divise-t-on les mamelles des différentes espèces animales ?

R. On divise les mamelles en mamelles pectorales, qui occupent la partie antérieure de la poitrine de la femme ; en mamelles inguinales situées à la partie postérieure et inférieure du tronc ; elles ont deux ou quatre trayons, dont deux sont imperforés, chez la jument, chez l'ânesse et chez la chèvre ; mais tous les quatre sont munis d'un orifice qui donne accès au lait, chez la vache et la brebis ; enfin, en mamelles abdominales qui sont situées dans la région ventrale ou abdominale, elles contiennent dix trayons, qui se rencontrent chez la truie, etc.

Quelquefois on aperçoit à la partie postérieure de la mamelle de petits trayons qui n'ont aucun rapport avec les glandes mammaires, ce sont de petits cæcums qui ne donnent pas de lait ; cette singularité se rencontre chez la vache, la brebis et la chèvre, etc.

D. A quels signes reconnaît-on les bonnes vaches laitières ?

R. En général, une bonne vache laitière a dans sa conformation la tête longue, mince, surtout à l'endroit où s'attachent les cornes ; leur arrière-main doit être développée, avec une grande ampleur du bassin, ce qui annonce un grand développement des organes reproducteurs, cette disposition favorise le développement du jeune animal ; de même que les organes contenus dans les mamelles sont ordinairement en rapport avec cette partie du corps de l'animal, les membres fins, la queue mince, la peau fine et souple, pas de tissu celculaire sous-jacent, les sabots blancs et petits; la forme de ces bêtes est généralement très-anguleuse, laissant apercevoir les os sous la peau. Les mamelles doivent être volumineuses, mais il y a quelquefois des mamelles volumineuses qui sont remplies et durcies par des agglomérations de graisse qui les distendent, et non par les glandes mammaires, comme on pourrait le supposer. On peut au moyen du toucher se rendre compte de la nature des substances qui gonflent ces parties. Si après la traite de la vache le volume de la mamelle est resté à peu près le même qu'avant l'opération, c'est que ce développement est dû à la graisse et non pas aux glandes mammaires; si, au contraire, après la traite, le pis de la vache est réduit de volume, s'il est flasque, formant des plis, c'est de bon augure sur la puissance des glandes mammaires, c'est qu'elles sont bien développées et qu'elles reçoivent d'une manière convenable le sang dont elles ont besoin pour en séparer le lait. Il n'est pas non plus inutile de s'assurer si les veines lactifères, chargées de leur apporter le sang, sont bien volumineuses. Ces veines s'étendent dans le sens de la longueur de l'animal, à la partie inférieure de son corps; si on introduit les doigts dans le trou qui leur permet de pénétrer dans le corps de la vache, on exerce ainsi une pression sur elles, on arrête alors la circulation du sang, et on fait gonfler les veines, ce qui permet de juger leur plus ou moins gros volume. Lorsqu'elles sont grosses, sinueuses ou variqueuses, c'est de bon augure, ces caractères étant favorables à la sécrétion du lait.

Un autre signe qui sert aussi à connaître le volume des glandes mammaires, c'est le grand écartement des trayons les uns des autres, surtout vers leur base.

En résumé, un développement extraordinaire de l'appareil de la lactation et de la reproduction, avec une grande délicatesse dans la forme et dans l'ossature, présentant en outre un caractère d'une douceur féminine, jointe à un tempérament lymphatique, est ce qui caractérise une bonne vache laitière.

D. Est-ce qu'il n'y a pas un autre moyen de reconnaître une bonne vache laitière de celle qui ne l'est pas, à la simple inspection de ses poils?

R. On a fait grand bruit, il y a une vingtaine d'années, d'un système inventé par Guénon, qui permettait, au dire de l'auteur, de reconnaître les bonnes vaches laitières à l'inspection et suivant la direction des poils situés entre la vulve et la mamelle de l'animal. Appelé par le ministre de l'agriculture à appliquer son système, sur 171 vaches il s'est trompé 152 fois, ce qui prouve suffisamment que ce système n'a aucune espèce de valeur.

D. Quelle est la différence qui doit exister entre l'animal de boucherie et l'animal destiné à produire beaucoup de lait?

R. L'animal destiné à produire beaucoup de viande doit être précoce, celui qui doit produire beaucoup de lait doit avoir au contraire une certaine rusticité, avec une poitrine convenablement développée.

CAUSES QUI FONT VARIER LA QUANTITÉ DE LAIT PRODUITE DANS UN TEMPS DONNÉ.

D. Quelles sont les causes qui font varier la quantité de lait produite dans un temps donné?

R. L'activité sécrétoire des glandes mammaires varie avec l'âge des animaux ; elle varie avec le nombre des gestations, elle varie avec le temps écoulé depuis la parturition jusqu'à la suivante gestation, elle varie avec l'état où se trouve l'animal, elle varie suivant l'époque de l'année où il est produit, enfin elle varie avec les influences météorologiques qui modifient la nutrition.

En général, ce n'est pas à la première parturition (premier veau) que l'animal donne beaucoup de lait ; à la deuxième, la sécrétion prend un peu plus de développement, et c'est après le troisième veau que la vache a acquis une grande puissance comme laitière, mais c'est au sixième veau qu'elle a acquis son maximum de puissance comme laitière.

Le temps écoulé depuis la parturition a, comme nous venons de le dire, une grande influence sur la quantité de lait produite. C'est en général pendant les trois premiers mois après le part où la sécrétion est plus abondante, après cette époque elle va en diminuant de jour en jour. Les expériences dues à M. Ramsey viennent nous éclairer sur ce sujet. Elle peut, néanmoins, durer onze, douze et même treize mois.

Expériences dues à M. Ramsey pour connaître la quantité de lait produit dans le cours d'une année.

M. Ramsey, qui avait une étable de 180 vaches de la race Durham, soumit à l'expérience 100 vaches choisies parmi les meilleures laitières ; elles ont donné en moyenne, après le vêlage :

	Lit.
Par tête et par jour	11,20
De 3 à 6 semaines après le vêlage	14,33
A 2 mois	13,33
De 3 à 8 mois	8,38
De 9 à 10 mois	4,83
Moyenne de toute l'année par tête et par jour	7,00

Tableau de la quantité de lait que les vaches produisent dans divers États de l'Europe.

	Localités.	Autorités.	Poids des vaches, Kil.	Foin consommé par jour, Kil.	Lait produit, par an. Lit.	Lait produit, par jour Lit.	Remarques.
France....	La Feuillasse (Ain)....	Perrault de Jotemps..	400	12,500	1702	4,7	Nourries à l'étable.
	Lombries (Ain).......	D'Angeville...........	275	6.300	915	2,5	id.
	Rechelbronn (Bas-Rhin).	Le Bel et Boussingault	600	15,000	2561	6,7	id.
	Roville (Meurthe).......	M. de Domballe	»	10,000	1216	3,4	id.
	Lyonnais (Montagnes)...	Crognier.............	»	»	730	2.0	Mal nourries en hiver.
	Paris et ses environs....	Quevenne.............	»	»	»	10,0	Nourries à discrétion.
Angleterre.	—	Low.................	»	»	3406	9,3	Mal nourries en hiver.
	—	Curwen...............	»	»	3739	10,2	id.
Belgique ..	Anvers	Schwertz	»	13,000	2555	7,0	id.
	Campine...............	—	»	»	5292	14,5	Nourries à l'étable l'hiver ; aux pâturages dans la belle saison.
Hollande..	Pays-Bas...............	—	»	12,400	1932	5,3	id. id.
	—	Aiton................	312	»	4015	11,0	id.
Saxe......	Moosen	Schwertzer...........	258	9,400	1527	4.2	Nourries à l'étable.
	Altenbourg...............	Schmatz..............	»	14,000	1950	5,3	id.
Prusse	Mœglin	Faërtaër.............	«	10,000	1503	4,1	id.
	Berlin et ses environs....	—	»	»	1717	4,7	id.
Autriche ..	Carinthie...............	Burger...............	375	»	1564	4,3	Bien nourries.
Suisse.....	Hoffwyll................	D'Angeville..........	600	17,500	2676	7,3	Nourries à discrétion.
		—	475	12,300	1700	4,7	Id. à l'étable.

Expériences faites par Weckerling, dans les domaines du roi de Wurtemberg ; sur les deux meilleures races laitières du continent.

	Race Hollandaise.	Race Schwitz.
Poids des animaux de	562 à 702 kil.	de 561 à 702 kil.
Produit en lait d'une année ; moyenne.	3017 lit.	2647 lit.
Maxima	3417	2740
Minima..................	2139	2535
Par tête et par jour, moyenne de toute l'année.	8,24	7,25
Maxima..................	9,36	7,52
Minima..................	5,83	6,95
Rendement maxima pendant la période la plus active de la lactation.	22 à 28	15 à 16
Quantité de lait nécessaire pour obtenir 1 kilogr. de beurre.	34,91	30,65

D. Avons-nous de bonnes vaches laitières en France ?

R. Oui, nous avons trois races qui sont excellentes laitières ; ce sont : la race flamande, la race normande et la race bretonne. On jugera des qualités laitières des deux premières par le tableau suivant :

Rendement en lait des vaches de la région du nord de la France établi dans chacun des arrondissements de cette région.

Races.	Moyenne de l'année.	Par jour moyenne de l'année.	
Flamande pure............	3102 lit.	8 lit.	500
— croisée cotentine..	2311	6	333
Cotentine pure............	2281	6	250
Marolaise................	2240	6	137
Bolonaise................	2108	5	755
Artésienne..............	1500	4	110
Picarde..................	1200	3	343

On voit par ces chiffres que le rendement diminue à mesure qu'on s'éloigne du centre d'élevage où la race est pure. C'est dans l'arrondissement de Lille et celui de Dunkerque où la race flamande est pure que le rendement est le plus élevé.

En général, la race normande ou cotentine est bonne laitière, quoiqu'elle donne une moindre quantité de lait que la race flamande; mais son lait étant plus riche en matière butyreuse (beurre) que celui des vaches flamandes, elle donne une plus grande quantité de beurre avec une moins grande quantité de lait. Il est reconnu par l'expérience que, quand la quantité de ce produit augmente, sa richesse en matière grasse (beurre) diminue d'autant.

Lorsqu'on veut se livrer à l'industrie du lait, il faut s'attacher aux vaches qui donnent un bon rendement moyen.

Expériences faites en Angleterre, en vue du rendement en lait, par M. Horsewell, sur des vaches de la race laitière d'Alderney.

Les expériences ont duré cent quatre-vingt-onze jours.

La ration a été, par tête et par jour, pendant tout ce temps, de :

Foin de bonne qualité	4 kil.	208
Tourteaux de colza	2	250
Tourillons (germe de l'orge)	0	667
Son	0	667
Fèves en farine	0	708
Turneps (navets)	15	417
Paille et balle d'avoine	3	750
Fanes, tiges et euilles sèches de fèves	0	917
	28 kil.	584

Les vaches ont produit :

1° En moyenne 16 litres de lait par jour, à raison de 18 c. le litre	2 fr. 88	3 fr. 66
2° Elles ont gagné en poids, par tête et par jour, en moyenne 200 gr. à 1 fr. 50 le kil.	0 30	
3° Elles ont produit en fumier, par tête et par jour, estimé 1 c. 2 le kil	0 48	
La ration journalière étant estimée d'après le prix de vente au marché		1 fr. 66
— utilisée comme engrais vert représente une valeur de	0 fr. 80	1 fr. 66
Engrais donné par chaque bête en matières solide et liquide de	0 48	
Pertes comme engrais	0 fr, 38	
Le produit brut s'élevait à	3 fr. 66	
La dépense s'est élevée à	1 66	
Bénéfice net	2 fr. 00	

Cet habile éleveur a obtenu dans ses expériences 1 kilog. de beurre par 26 litres de lait en moyenne, ou 4 lit. 594 de crème.

Expériences faites à l'Institut agronomique de Versailles et à l'École de Grignon sur le même sujet.

D. Faites-nous connaître les résultats des expériences faites à l'Institut agronomique de Versailles et à l'École de Grignon sur différentes races laitières de l'espèce bovine pour connaître la quantité de lait produite par chacune d'elles.

R. Les résultats des expériences faites à l'Institut agronomique de Versailles, répétées à l'École de Grignon dans des conditions tout à fait identiques dans l'un et dans l'autre de ces deux établissements, sur 4 races des meilleures laitières de l'espèce bovine sont les suivants :

Races :

		Normande.	Schewitz (Suisse).	D'Aire (Ecossaise).	Bretonne.
Moyenne du poids	Des vaches........	550,000 kil.	600 kil.	380 kil.	280 kil.
	Des veaux à 4 mois.	70,750	90	40	30
Quantité de lait produite par tête pendant une année.	Moyenne..	2317,600 lit.	3026,508 lit.	1868 lit.	1555 lit.
	Maxima...	3757,000	3829,000	2586	1747
	Minima...	909,000	1532,000	579	1394
Par jour et par tête, moyenne de l'année.		6,350,7	8,292	5,118	4,260
Quantité maxima pendant la période la plus active de la lactation, moyenne par jour.		22,000	29,000	14,000	10,200
Quantité de lait nécessaire pour faire un kilo de beurre.		24,500	31,700	25,000	28,000

Quantités d'aliments consommés pendant chaque régime alimentaire successif pour produire 100 litres de lait.

Régimes.	Mois.	Nature des aliments.	Normande.	Schewitz (Suisse).	D'Aire (Ecossaise).	Bretonne.
1er	Décembre Janvier.. Février.. Mars.... Avril....	Pulpe après distillerie	511 kil.	383 kil.	457 kil.	399 kil.
		Foin..............	79	60	86	82
		Paille.............	41	46	39	47
		Menue paille.........	53	78	39	47
2me	Mai..... et Juin.....	Foin................	47	36	»	»
		Paille..............	47	36	39	47
		Fourrages verts.....	709	543	782	511
3me	Juillet... et Août....	Paille..............	47	36	39	47
		Pâturage estimé......	89	121	274	164
		Pâture sur trèfle.....	630	482	508	352
4me	Septembre	Paille..............	47	36	39	47
		Menue paille.........	47	97	39	47
		Pâturage sur trèfle...	284	265	391	352
		Maïs en vert.........	378	289	352	164
5me	Octobre..	Paille..............	47	36	39	47
		Menue paille.........	47	36	59	47
		Pâturage sur trèfle...	»	»	»	352
		Feuilles de betteraves.	787	603	782	382
6me	Novembre	Pulpe................	433	321	430	305
		Foin.................	»	23	»	»
		Paille...............	55	36	39	47
		Menue paille.........	63	36	39	47
		Orge en vert.........	236	175	195	235

QUANTITÉ DE LAIT PRODUITE POUR 100 KILOG. DE FOIN CONSOMMÉ.

D. Quelle est la quantité de lait que rend une vache pour 100 kilog. de foin consommé ou son équivalent?

R. La quantité de lait donnée par une vache pour 100 kil. de foin consommé varie suivant la race, etc.

Chez M. Durand, de Caen, le maximum de rendement de la race normande a été, pour 100 kilog. de foin consommé, de.................................... 64 lit. 0

A l'école de Grignon, des vaches croisées Schwitz normandes,

	ont produit..................	63 lit.	0
—	Schwitzs pures..............	62	0
—	hollandaises,................	53	0
—	croisées Schwitzs-Durham...	53	0

La moyenne du rendement de l'étable de M. Boussingault a été de.................................... 45 3

D'après les expériences de Weckerling en Allemagne; pour 100 kilog. de foin consommé ou son équivalent, il a obtenu

des vaches de la race Schwitz (Suisse).........		44 lit.	14
de la race hollandaise........................		40	13
de la race durham.	York (courtes-cornes)...	37	95
	Tees-water (courtes-cornes)	33	95

On doit faire cette remarque que ces diverses familles de la race de Durham avaient été améliorées dans le sens de la production de la viande, et qu'en Angleterre on s'adonne à la spécialisation des produits, et qu'elles sont mises en parallèle avec les meilleures vaches laitières de l'Europe, qui sont généralement de très-mauvaises bêtes de boucherie.

Les vaches qui, en Angleterre, ont une renommée pour la production du lait, sont celles d'Aire, d'Alderney, et celles des contrées est du Norfolk et du Suffolk; ce sont des pays d'herbages qui ressemblent beaucoup à la Normandie, tant par la douceur du climat que par les produits. Les beurres de Suffolk ont une renommée en Angleterre, égale à celle des beurres d'Isigny, en France.

Les races anglaises des îles normandes ont été améliorées par la sélection en vue du rendement en beurre; ce sont des vaches en tout semblables à celles de la Bretagne, par la forme, par la couleur de leur robe et par leur faculté laitière; de même que par les lieux qu'elles habitent, qui ont aussi de l'analogie avec cette partie de la France.

M. Print nous apprend, d'après les observations qu'il fit pendant cinq années sur ses vaches, qu'elles lui ont donné en moyenne, étant convenablement nourries, 160 kilog. de beurre par an, pendant les cinq années successives qu'ont duré ses expériences.

Il y avait, à l'Exposition universelle de Paris, une vache anglaise qui produisit 16 litres de lait par jour et 6 kilog. de beurre par semaine, pendant tout le temps qu'elle est restée à Paris. Elle a obtenu le 1er prix qui était destiné pour les meilleures vaches laitières.

QUANTITÉ DE LAIT NÉCESSAIRE POUR FAIRE UN KILOG. DE BEURRE.

D. Quelle est la quantité de lait nécessaire, donnée par des vaches françaises, pour obtenir un kilog. de beurre?

R. La quantité de lait nécessaire pour obtenir un kilog. de beurre varie suivant les races, suivant le nombre de parturitions et suivant le temps écoulé depuis le part.

D'après les nombreuses expériences faites sur les races suivantes :

	Lit.		kil.de beurre.
Moyenne de 34 vaches de la race durham, il a fallu	25,40	pour	1
— de 7 vaches de la race cotentine, —	28,72	—	1
— de 15 vaches de la race charolaise, —	30,00	—	1
— de 20 vaches de la race bretonne, —	28,50	—	1

Moyenne de 5 vaches de la race durham, il a fallu 7.54 de crème pour obtenir 1 kilog. de beurre.

Moyenne de 5 vaches de la race cotentine, il a fallu 8,00 de crème pour obtenir 1 kilogr. de beurre.

D. L'aptitude à l'engraissement a-t-elle de l'influence sur la qualité commerciale du lait?

R. Oui, elle en a une grande comme on le voit par le résultat des expériences suivantes :

Expériences faites à l'Institut agronomique de Versailles sur des vaches cotentines pures et ces vaches croisées Durham, sur le même sujet.

Pour les vaches cotentines pures, il a fallu, en moyenne, 28,0 litres de lait pour faire 1 kilog. de beurre.

Pour une vache cotentine pure à son 3e veau, il a fallu 25,0 litres de lait pour faire 1 kilog. de beurre.

Pour une vache cotentine ayant 1/4 de sang Durham à son 1er veau, 23 litres de lait ont produit 1k,100 de beurre; c'est 21,0 litres de lait pour faire 1 kilog. de beurre.

Pour une vache cotentine 1/4 de sang Durham à son 2e veau, 23 litres de lait ont produit 1k,250 de beurre; c'est 18,4 litres de lait pour faire 1 kilog. de beurre.

Pour une vache cotentine 1/2 sang Durham à son 1er veau, 18 litres de lait ont produit 0k,800 de beurre; c'est 22,5 litres de lait pour faire 1 kilog. de beurre.

Pour une vache cotentine 1/2 sang Durham à son 2e veau, 18 litres de lait ont produit 0k,905 de beurre; c'est 19,9 litres de lait pour faire 1 kilog. de beurre.

Pour une vache cotentine 1/2 sang Durham à son 3e veau,

17 litres de lait ont produit 0k,905 de beurre; c'est 18,8 litres de lait pour produire 1 kilog. de beurre.

Pour une vache cotentine 3/4 de sang Durham à son 1er veau, dix-huit jours après le part, 14 litres de lait ont produit 0k,760 de beurre; c'est 18 lit. 4 de lait pour faire 1 kil. de beurre.

Dans le Bessin et le Cotentin, où sont placées les plus belles vacheries de la Normandie, le lait est destiné à la fabrication du beurre, et durant les mois de mai, juin et juillet, saison du plus fort rendement en lait, on estime qu'une vache donne 750 grammes de beurre par jour.

D. Y a-t-il, dans la race Durham, des familles plus laitières les unes que les autres?

R. Oui, la famille Duchess est restée la plus laitière; cette variété de la race durham est généralement connue sous le nom de Tees-water, parce qu'elle habite les bords de la rivière la Tees. Les vaches des comtés d'York et de Lyncoln sont également bonnes laitières.

Les familles de la race de Durham, les moins laitières, le sont encore suffisamment pour nourrir abondamment leurs veaux, tandis que les races de boucherie d'Angus, d'Hereford et de Devon ne le sont point assez pour bien remplir cette fonction.

D. Qu'arrive-t-il quand une vache laitière est tarie?

R. Lorsqu'une vache laitière est tarie, alors commence l'engraissement, qui se fait d'autant plus rapidement que la vache était plus laitière.

Gymnastique fonctionnelle.

Dites-nous ce qu'on entend par gymnastique fonctionnelle.

R. Des lois physiologiques qui régissent le développement de l'animal, la première est l'exercice qui développe la force et accroît la puissance des organes. C'est un principe général que, quand on appelle la vie sur un point particulier de l'économie animale, au moyen d'un exercice quelconque, le sang, qui porte à chaque organe les matériaux nécessaires à son accroissement et à l'accomplissement des fonctions les plus diverses dont ces organes sont chargés, y arrive en plus grande abondance, en exagère, en augmente le développement au détriment des autres parties; si c'est un muscle, le nombre de ses fibres augmentera, ainsi que son volume, et sa force sera alors plus grande, car elle croît toujours en raison du nombre des fibres qui concourent à former ce muscle. Il en est de même pour tous les autres organes de l'économie animale.

Si c'est la glande mammaire qui est chargée de sécréter le lait, elle prendra plus d'ampleur et en même temps plus d'activité. Comme la puissance d'un organe est en raison de son volume ou de sa masse, lorsque ce développement n'est pas dû à une infirmité, plus la glande sera grosse, plus aussi elle produira de lait.

Quand la vie est ainsi concentrée sur un point, il en résulte une rupture de l'équilibre des fonctions de la vie dans tout l'individu; il se produit une perturbation dans l'économie animale, et ce point se développe d'une manière exagérée au détriment des autres parties ou des autres organes qu'on affaiblit ou qu'on diminue d'autant. Si on agit sur un animal qui est particulièrement apte à produire du lait, il sera moins apte à donner du travail et aussi moins apte à produire de la graisse et *vice versa* ou réciproquement. Donc, l'organisme croît dans un sens et diminue dans l'autre.

Les glandes mammaires ne doivent fonctionner chez tous les mammifères que le temps nécessaire pour entretenir la vie et accroître la force des jeunes êtres auxquels les mères ont donné le jour. Si par l'effet des maniements on appelle, on excite, on stimule la vie dans ces organes, on peut, en procédant de cette manière, exalter la sécrétion du lait, qui se continue à peu près indéfiniment dans les espèces bovine, ovine et asine. Lorsqu'on exerce ainsi des maniements en imitant l'action de traire, un peu avant et après la mise bas d'un premier veau, sur une jeune vache appartenant à une race qui n'est point laitière et qui est en même temps convenablement nourrie, on parvient de cette manière à en faire une bonne laitière, quoiqu'elle descende d'une race qui ne l'est pas; ce résultat étant obtenu, il se multiplie par voie d'hérédité à ses descendants sans que cette action ait été exercée sur eux.

On peut, au moyen de la gymnastique fonctionnelle et d'une alimentation appropriée aux produits qu'on veut obtenir, faire surgir des qualités que la race n'avait pas, car la fonction crée l'organe.

Il est bon d'employer ce moyen toutes les fois que l'animal peut être influencé par un excercice quelconque.

Toutes les qualités acquises, non sans soins et sans persistance, se transmettent ensuite de génération en génération à leurs descendants sans qu'il soit nécessaire de s'en occuper. En voici un exemple : des chevaux qui n'avaient jamais couru l'amble ont donné, après avoir été dressés à ce pas, des produits qui couraient l'amble sans avoir été dressés.

Lorsqu'on voit certaines aptitudes se développer naturellement, il est de l'intérêt de l'éleveur de les aider à se développer davantage en agissant comme il vient d'être indiqué.

Le lait.

D. Faites-nous la description du lait?

R. Le lait est liquide, ordinairement alcalin, blanc, plus ou moins opaque, d'une saveur tout à la fois grasse et sucrée, d'un goût très agréable, ce liquide est sécrété par les glandes mammaires qu'on ne rencontre que chez les femelles des mammifères. Il se mêle en toute proportion à l'eau. Abandonné à lui-même pendant vingt-quatre heures, il se sépare en deux parties distinctes : la plus légère, qui forme une couche à la face supérieure, est nommée crème, et à la partie inférieure est le lait dépourvu de crème.

Au moment de la traite, le lait est alcalin, mais il subit assez promptement, surtout en été, la fermentation acide ; il y a alors formation d'acide acétique et coagulation du lait par l'effet de cet acide dû à la chaleur seule. Deux ou trois millièmes de bicarbonate de soude suffisent pour empêcher cette coagulation.

Lorsqu'on examine le lait au microscope, on aperçoit des petits globules d'un diamètre qui varie entre 0mm1421 et 0mm5134 qui sont en suspension dans le liquide et qui donnent au lait la couleur blanche qu'on lui connaît. Quand on laisse le lait en repos, ces petits globules se rassemblent à la surface du liquide pour y former la crème.

Le lait contient en dissolution dans l'eau : du sucre de lait (lactine), du caséum, de l'albumine (blanc d'œuf) et des sels inorganiques, et le beurre qui y est en suspension sous forme de globules.

Etant destiné à nourrir le jeune animal, le lait est dans des conditions alimentaires très-convenables pour être facilement digéré et facilement assimilé ; c'est un aliment complet, c'est-à-dire qu'il contient tous les principes qui entrent dans la constitution des animaux de la classe des mammifères.

Il arrive quelquefois, lorsque l'animal est mal portant, que le lait s'acidifie dans les mamelles.

La composition du lait change à chaque époque de la lactation ; mais elle change aussi dans la même traite, comme on le verra dans la suite. Le lait qui occupe les mamelles au moment du part et qu'on désigne sous le nom de *colostrum*, a une composition différente et une action purgative ; il est moins chargé de caséum et il est plus riche en substances albumineuses qui peuvent être coagulées par l'effet de la chaleur à la manière du blanc d'œuf; il est également plus chargé de matières salines que le lait normal.

D. Faites-nous connaître la composition du colostrum?

R. Voici la composition du colostrum de vache (analysé par M. Boussingault), recueilli peu de temps après que l'animal eut mis bas :

Dans 100 parties :

Caséum albumineux	15,0	
Beurre	2,6	24,2
Sucre de lait ou lactine	3,6	
Sels	3,0	
Eau		75,8
		100,0

Composition du lait de vache.

D. Indiquez-nous la composition du lait de vache ?

R. La composition du lait de vache, d'après les nombreuses analyses faites par MM. Henry et Chevalier, Lecanu, Doyère; Haidlen, Simon, Poggiale, etc., qui ont opéré sur des aits obtenus dans des conditions ordinaires en France, en Allemagne et en Angleterre, la composition du lait normal de vache est comme suit :

Dans 100 *parties de lait.*

	Albumine et caséine.	Beurre.	Lactine ou sucre de lait.	Etraits et sels.	Matière sèche en totalité.	Eau.
Moyenne..	4,88	3,45	4,44	0,66	13,43	86,57
Maximum.	7,20	4,38	5,95	0,75	18,28	81,72
Minimum..	3,00	2,75	2,80	0,60	9,15	90,85

D. Quelle est la densité du lait de vache?

R. La densité du lait de vache à la température de 15 degrés centigrades, est de 1030 grammes, celle de l'eau distillée étant de 1000 grammes, poids du litre occupant un volume de 10 centimètres cubes.

Le poids maxima du litre de lait est de : 1033 grammes.

Le poids minima — — est de : 1028 grammes.

La densité du beurre, à la même température, est de 900 grammes.

Composition du lait de vache aux diverses époques de la traite.

D. Le lait a-t-il la même composition au commencement et à la fin de la traite?

R. Non, voici la composition du lait de vache aux diverses époques de la traite, analysé par M. Reiset et obtenu de 4 vaches différentes.

Dans 100 *parties de lait.*

	Substance sèche.		Beurre.	
	Commencement.	Fin.	Commencement.	Fin.
1re vache....	14,37	18,93	5,90	10,50
2e —	9,90	15,85	1,80	6,60
3e —	9,62	19,07	1,20	11,20
4e —	11,01	17,63	2,20	8,80

Autre analyse de lait 10 *mois après le part.*

BEURRE.		
Commencement.	Milieu.	Fin.
5,0	15,0	20,0

Un séjour de quatre heures au moins dans les mamelles, entre chaque traite, est le temps convenable pour obtenir à la fin de la traite un bon rendement en beurre et en matière solide.

Dans la petite culture où la production du beurre à une grande importance attendu que la vente de ce produit fournit chaque semaine l'argent nécessaire pour acheter les objets dont on a souvent grand besoin dans le ménage, on pourrait vendre ou consommer dans la maison le lait provenant de la première partie de la traite en ayant soin de mettre de côté la dernière partie afin d'augmenter la quantité de beurre à vendre. L'expérience montre qu'on pourrait, en agissant de cette manière, obtenir une qualité de lait bien supérieure par la quantité de matière sèche qu'il contient, surtout en matière grasse. Les Anglais ont mis cette singularité à profit dans l'engraissement de leurs veaux en donnant la première partie de la traite aux plus jeunes, la seconde partie à ceux qui sont à l'engrais, et la troisième partie donnée aux veaux pour achever leur engraissement.

Composition du lait de femme.

D. Dites-nous quelle est la composition du lait de femme

R. Voici la composition du lait de femme d'après les analyses de M. Simon :

Dans 100 parties de lait.

Nombres de jours après l'accouchement.	Pesanteur spécif.	Eau	Résidu sec	Caséum	Lactine ou sucre de lait	Beurre	Sels fixes
2	1,0320	82,80	17,20	4,00	7,00	5,00	0,316
10	1,0316	87,32	12,68	2,12	6,24	3,46	1,180
82	1,0345	91,40	8,60	3,55	3,95	0,80	0,240
136	1,0320	87,36	12,64	4,00	4,60	3,70	0,270

Composition du lait de différents animaux domestiques.

D. Faites-nous connaître la composition du lait de différents animaux domestiques?

R. D'après les analyses de M. Boussingault, elle est comme suit :

Dans 100 parties de lait.

	Chèvre.	Vache.	Jument.	Chienne.
Eau	82,0	87,4	89,63	66,30
Beurre	4,5	4,0	Quant. inappréc.	14,75
Sucre de lait et sels solubles.	4,5	5,0	8,75	2,95
Caséum, albumine et sels insolubles.	9,0	3,6	1,60	16,00
	100,0	100,0	99,98	100,00

Composition du lait de brebis au commencement, au milieu et à la fin de la traite.

D. Parlez-nous de la composition du lait de brebis?

R. Le lait de brebis est ainsi composé, d'après les analyses de M. Fremy, qui a opéré sur du lait obtenu de trois bêtes différentes.

	1re	2e	3e
Eau.........	81,00	80,48	80,69
Cendres......	0,80	0,80	0,80
Caséum et albumine	6,44	6,49	7,14
Beurre......	8,16	8,54	8,31
Sucre de lait.	3,60	3,69	3,06
	100,00	100,00	100,00

Composition du lait d'ânesse au commencement, au milieu et à la fin de la traite.

D. Le lait d'ânesse étant ordonné par les médecins dans certaines maladies de poitrine, dites-nous quel est sa composition ?

R. D'après les expériences dues à M. Péligot, la composition du lait d'ânesse aux diverses époques de la traite est la suivante :

Dans 100 parties de lait.

	Au commencement.	Au milieu.	A la fin de la traite.
Beurre...........	0,96	1,02	1,52
Caséum..........	1,76	1,95	2,97
Sucre de lait......	5,50	6,48	6,45
Eau	91,78	90,55	89,06
	100,00	100,00	100,00

Des avantages que présentent aux cultivateurs, le croisement du taureau Durham avec les vaches du pays.

Les animaux de l'espèce bovine étant ceux qui s'adaptent le mieux aux conditions de la petite culture, permettent au petit cultivateur d'obtenir du croisement du taureau durham avec sa vache de très-grands avantages, même en supposant que les terres de son exploitation soient de très-médiocre qualité. Sa vache étant saillie par le taureau durham, lui donnera un veau; si c'est un mâle, il le castre et l'élève, au lieu de le vendre au boucher comme cela se pratique trop généralement en France, sans profit pour le cultivateur de même que pour le pays; car la viande de veau n'est pas nourrissante, beaucoup de personnes ne peuvent pas la digérer. Étant bien nourri, l'animal croîtra à vue d'œil, et à 2 ans 1/2 ou 3 ans, au plus, il aura atteint sa complète maturité et avec elle un poids de six cents, huit cents et même, ce qui n'est pas rare, mille kilogrammes. Arrivé à ce point, il le vendra neuf cents, douze ou quinze cents francs; cet argent lui permettra d'étendre ou d'améliorer sa culture, l'animal lui ayant produit en outre un fumier bien supérieur en qualité fertilisante à celui de sa vache laitière, ce qui mettra ses récoltes à l'abri des influences fâcheuses de la sécheresse, en favorisant leur bonne venue. Ses terres, en s'améliorant de plus en plus, produiront plus de fourrage; c'est pourquoi il pourra, en agissant comme il a fait avec le premier bœuf, avoir en même temps deux et même trois bœufs dans son étable, distancés d'une année les uns des autres; l'aîné étant arrivé à trois ans, il le vendra. Sa terre s'améliorant de plus en plus, lui produira de bonnes récoltes de blé et de fourrage qui lui permettront d'établir pour son bétail une rotation comme celle de sa culture, c'est-à-dire qu'il aura toujours dans son étable trois bœufs, dont un de l'année, un de 1 à 2 ans et le troisième de 2 à 3 ans; arrivé à ce dernier terme, il le vendra; de sorte qu'il aura un bœuf à vendre tous les ans à la place d'un veau qu'il aurait vendu à très-bas prix, sans profit. C'est à peu près ce qui est mis en pratique dans la petite culture, en Belgique.

Mais le point essentiel pour réussir, est de bien nourrir l'animal et d'allier les vaches avec le taureau Durham, quant on devrait faire trente lieues pour l'aller trouver et qu'on devrait payer 10 francs pour la saillie de la vache garantie pleine; on serait par la suite largement compensé de ce sacrifice et de cette peine.

Les agriculteurs anglais, qui savent très-bien compter avec leurs intérêts, ont payé jusqu'à 200 francs pour la saillie d'une de leurs vaches garantie pleine. On peut être certain que s'ils font de tels sacrifices, c'est qu'ils savent d'avance qu'ils en seront par la suite grandement récompensés.

Nous prions en conséquence les personnes qui sont propriétaires de taureaux de la race de Durham pure, dans l'intérêt général du pays, et en particulier dans leur intérêt et celui des cultivateurs, de le faire savoir par la voie de la presse de leur département.

Aperçu des résultats du croisement des vaches françaises avec le taureau Durham, constatés aux abattoirs, à Paris.

5 Bœufs Durham-charolais âgés de 2 ans à 2 ans 7 mois.		
	Moyenne du poids...........	717 kil.
1 — —	de 3 ans 6 mois.	864
1 génisse — —	de 2 ans 5 mois.	754
4 bœufs Durham-manceaux de 2 ans 6 mois à 2 ans 8 mois.		
	Moyenne du poids..........	732
3 —	de 3 ans à 3 ans 4 mois, moyenne............	748
1 —	de 3 ans 3 mois........	1080
1 —	de 3 ans 6 mois........	832
6 bœufs Durham-bretons de 3 ans à 3 ans 4 mois.		
	Moyenne du poids.........	651
3 bœufs Durham-normands de 3 ans à 3 ans 3 mois.		
	Moyenne du poids..........	876
2 bœufs Durham-partenais de 3 ans à 3 ans 2 mois.		
	Moyenne du poids.........	718

Nous devons faire remarquer que le poids des vaches bretonnes, race pure, n'atteint pas, en général, la moitié de celui des vaches des autres races françaises.

REMARQUE IMPORTANTE.

D'après de nombreuses expériences faites en Angleterre, en France et en Allemagne, etc., il est bien reconnu qu'un animal bien nourri, qui croît d'environ un kilogramme de poids vif par jour, moyenne de la première année de son existence, ne croît, avec une bonne et même alimentation, que de 750 grammes environ par jour, moyenne de la seconde année; que la troisième année cet accroissement descend à 600 grammes environ par jour, moyenne de l'année; que la quatrième année, l'animal étant toujours bien nourri, son accroissement descendra à 475 grammes par jour, moyenne de l'année, et que l'accroissement des animaux est d'autant moins grand, même avec une bonne alimentation, qu'ils s'éloignent davantage de l'époque de leur naissance. Or, un kilogramme de viande qui aura coûté, en moyenne, 60 centimes à fabriquer les trois premières années de l'existence de l'animal, coûtera plus de 75 centimes à fabriquer entre 3 et 4 ans, et il coûtera beaucoup plus entre 4 et 5 ans; ainsi de suite, toujours en augmentant de prix au fur et à mesure que l'animal prend de l'âge.

Ceci est à considérer et mérite que les cultivateurs qui entendent bien leur intérêt y réfléchissent sérieusement.

Des avantages de la substitution des races anglaises de l'espèce ovine aux races françaises.

TROUPEAU DE RACE FRANÇAISE.

Troupeau de 300 bêtes qui dépouillent en moyenne par tête chaque année :

Bêtes des pays riches............	
Bêtes des pays de moyenne fertilité.	1,500 kil. de laine lavée.
Bêtes des pays pauvres..........	
Laine lavée, total..................	450 kil.
Qui sont vendues en moyenne...	3 fr. 50 c.
	1350,00
	225,00
Produit de la laine du troupeau...	1575 fr.

Les races françaises de l'espèce ovine sont abattues entre 3 et 4 ans; plus près de 4 que de 3 ans. Elles rendent en moyenne 45 pour 100 de viande de médiocre qualité, aux quatre quartiers.

On vend tous les ans 100 moutons du troupeau des races françaises, qui donnent :

Bêtes des pays riches............	
Bêtes des pays de moyenne richesse.	un poids moyen de 18 k. par tête
Bêtes des pays pauvres...........	800
Ce poids de 18 kilog. est plutôt au-dessus qu'au-dessous..................................	1000
Total................	1800 kil.
De viande vendue au maximum 1 fr. 50 c., ci.	1 fr. 50 c.
	1800
	900
Produit de la vente de 100 moutons...........	2700
Produit de la vente des laines	1575
Produit total du troupeau....	4275 fr.

TROUPEAU DE RACE ANGLAISE.

Troupeau de 300 bêtes qui dépouillent en moyenne par tête chaque année :

Bêtes des pays riches............	3,000 kil. de laines lavées.
Bêtes des pays de moyenne fertilité.	
Bêtes des pays pauvres.........	
Laines lavées, total............	900,000 kil.
Ces laines sont vendues en moyenne.	3 fr. 50 c.
	2700
	450
Produit de la laine du troupeau...	**8150 fr.**

On vend tous les ans plus de 100 moutons du troupeau des races anglaises; mais pour plus de régularité, mettonst 100 moutons, qui donnent :

Bêtes des pays riches............	un poids moyen de 36 kil. par tête
Bêtes des pays de moyenne richesse.	
Bêtes des pays pauvres	
Ce poids de 36 kil. est plutôt au-dessous qu'au-dessus de la vérité........................	600
	3000
TOTAL........	3600 kil.
Vendus au maximum 1 fr. 50 c. le kilog., ci..	1 fr. 50 c.
	3600
	1800
Produit de la vente des 100 moutons..........	5400
Produit de la vente des laines du troupeau.....	3150
Produit annuel du troupeau anglais...........	8550 francs.

Les animaux des races anglaises de l'espèce ovine son abattus, en moyenne :

Races précoces très-nombreuses, à 18 mois; races tardives très-peu nombreuses, à 30 mois; moyenne de toutes les races anglaises à 2 ans. Elles rendent en moyenne 55 p. 100 de viande de bonne qualité aux quatre quartiers.

Les 300 moutons de races anglaises ont produit 8,550 francs.

Les 300 moutons des races françaises n'ont produit que 4,275 francs, et ont coûté davantage.

Reste à l'avantage du troupeau anglais 4,275 francs. Or, cet excédant de 4,275 francs par an n'est pas chose à dédaigner et mérite que les fermiers et les métayers y réfléchissent sérieusement, car ces chiffres n'ont rien d'exagéré; s'ils l'étaient, ce serait à l'avantage du troupeau des races françaises; d'abord, parce que le poids des moutons des races anglaises est plus élevé que celui que nous avons donné, ensuite ces animaux arrivent le plus communément à l'abattoir à 12 et 15 mois.

Nous connaissons un fermier de la Beauce qui fit l'acquisition, il y a quelques années, de 250 brebis en partie solognottes et en partie bérichonnes, au prix de 10 francs chacune; il acheta ensuite trois béliers southdown pour faire la monte de ce troupeau. Moins de 2 ans après il vendit les produits de ces premières alliances, à raison de 32 francs par tête. Il continua cette opération qui ne fut pas moins lucrative par la suite, et qui a contribué pour beaucoup à arrondir sa fortune.

RÉSULTAT DU RECENSEMENT DE L'ESPÈCE OVINE DE 1872.

Aussi, ce n'est pas sans éprouver un certain plaisir que nous voyons un certain nombre de cultivateurs substituer les races anglaises aux races françaises qui ne répondent pas à nos besoins. C'est ce qui nous est révélé par le dernier recensement fait en 1872, que nous avons sous les yeux, qui accuse 2,345,567 bêtes ovines issues des races anglaises améliorées, sur 24,707,496, nombre total des béliers, des brebis, des agneaux et des moutons qui vivent sur notre territoire. Un douzième seulement ; c'est bien peu ! c'est loin de ce qu'il devrait être, si nous avions marché de pair avec nos voisins ; mais ceci nous prouve que ceux qui se sont hasardés à faire du croisement ou des troupeaux de progression avec des reproducteurs anglais y ont trouvé avantage. Que leurs voisins les imitent, le pays leur sera reconnaissant.

En terminant cette petite brochure, qu'il nous soit permis de rappeler ici les paroles autorisées, en cette matière, d'un savant distingué, d'un sincère ami du pays et de l'humanité : M. Barral.

« Le jour où avec la même dose de fourrage le producteur aura fait plus de viande, ce jour-là la question sera résolue en France. Ceux qui choisissent de bons reproducteurs, dans lesquels la proportion de viande aux os est supérieure de 10 à 20 pour 100 à celle de nos races indigènes communes, font faire un grand pas à ce problème : la vie à bon marché ! Ils enrichissent la France en faisant de bonnes affaires. Qu'on ne craigne pas de payer un peu cher les reproducteurs perfectionnés, c'est de l'argent bien placé. Aussi engageons-nous vivement les éleveurs de la race ovine à se rendre aux ventes de béliers et de brebis de races *anglaises pures* à l'École vétérinaire d'Alford, à la bergerie de Mont-Cavrel, etc. »

FIN.

TABLE DES MATIÈRES.

8.

FIN DE LA TABLE DES MATIÈRES.

Ouvrages publiés dans le but de résoudre le problème de la vie à bon marché et de réduire le paupérisme qui grandit d'une manière effrayante.

Problème moins difficile à résoudre en France que partout ailleurs, sachant profiter des avantages que nous offrent notre climat, notre étendue territoriale, la qualité de notre sol, nos faciles débouchés et notre nombreuse et intelligente population agricole si on veut l'aider à s'instruire. L'Angleterre nous en fournit un exemple qu'il est difficile de justifier au moyen du tableau ou de la brochure qui met, sous ce rapport, en parallèle les deux nations.

SOUS PRESSE.

La France comparée à l'Angleterre sous le rapport de l'étendue territoriale, de la population humaine, de la population agricole, de la population des espèces ovine, bovine et porcine ; de la quantité de viande et de lait produits chaque année ; de la quantité d'aliment animal consommé par chaque personne par jour, et du nombre des naissances dans l'un et dans l'autre de ces deux pays, ainsi que des qualités morales, philantropiques et patriotiques de l'un et de l'autre des deux peuples. Prix du tableau ou de la brochure in-12, 40 centimes en timbres-poste, rendu à domicile dans toute la France et l'Algérie ; et 50 centimes avec 3 gravures sur bois, d'animaux perfectionnés pour la boucherie.

L'abatardissement des déshérités de la fortune de la race française, sa cause, ses effets et le moyen certain, infaillible d'arrêter ce mal.

De l'influence, de l'usage de la viande sur la force, la santé, l'activité, etc. Brochure in-12 du prix de 60 centimes en timbres-poste, rendue à domicile, dans toute la France et l'Algérie.

La race de Durham, son origine, ses qualités et ses défauts comparés à ceux des autres races améliorées au point de vue de la boucherie. Précédé d'une étude des terres de différente nature avec les plantes qui leur conviennent. In-12, pris au bureau 1 fr. et 1 fr. 25 c., rendu à domicile en France et en Algérie.

Lorsqu'un cultivateur met une plante qui aime un sol crayeux dans un sol siliceux bien fumé, très-fertile, elle croît à merveille si ce sol contient les matières crayeuses dont elle a besoin; mais sa végétation aurait été aussi belle dons un sol crayeux de médiocre fertilité; exemple le pin sylvestre, dont la végétation est généralement vigoureuse dans les sols siliceux et qui est rabougrie dans les terres crayeuses; l'inverse se produit sur le pin laricio, qui vient très-bien dans les sols crayeux et qui végète mal dans les terres siliceuses. De là la nécessité de connaître la nature des terres qui conviennent aux plantes qu'on cultive.

Traité de la culture des racines fourragères, du chou et de la courge utilisés comme fourrage, précédé de quelques notions de physiologie végétale et suivi de tableaux indiquant les plantes qui sont exigeantes en soins et en engrais, et celles qui ne sont point exigeantes; ainsi que les plantes qui améliorent et celles qui épuisent le sol.

Cet ouvrage est partagé en deux parties, qui peuvent être prises séparément. Dans la première sont décrites toutes les racines fourragères (moins la betterave) et les variétés de turneps les plus estimées en Angleterre.

Dans la seconde partie sont traités la betterave fourragère et industrielle, le chou et la courge. Chaque partie, in-8o, 4 planches lithographiées; prix de chacune d'elles : figures noires, 1 fr. 35; coloriées, 1 fr. 75; rendues à domicile, 25 cent. en plus.

Les cultivateurs qui se sont sérieusement occupés de l'amélioration du bétail en vue de la production de la viande, ont ajouté à leurs ressources fourragères ordinaires un supplément de nourriture qui est indispensable, et qu'ils ont demandé aux racines fourragères qui sont d'une absolue nécessité pour réussir dans cette opération.

POUR PARAITRE PROCHAINEMENT.

Traité de l'alimentation du bétail au point de vue économique de la production alimentaire de l'homme, précédé d'un aperçu historique des progrès de l'agriculture française et de légères notions de chimie agricole. In-12, pris au bureau, 1 fr. et 1 fr. 25 c. rendu à domicile, en France et en Algérie.

La connaissance de la composition chimique des aliments que le cultivateur donne à son bétail et celles du sol et des plantes qu'il cultive, n'est pas sans importance s'il veut le bien nourrir et économiquement, parce qu'il y a des alimentations qui produisent beaucoup de graisse et qui ne peuvent produire de la chair musculaire, l'inverse a eu lieu avec d'autres aliments qui produisent cette dernière et non de la graisse. C'est pourquoi nous avons jugé nécessaire de l'initier à cette science.

Pour les salles des mairies.

EN VENTE.

Tableau de 66/92 centimètres, contenant une introduction relative à l'amélioration du bétail français et à notre véritable position agricole en France, et 50 figures lithographiées d'animaux des espèces bovine, ovine et porcine perfectionnés pour la boucherie, dont 16 furent primés dans les concours publics en Angleterre et en France; pour servir de modèle aux cultivateurs qui voudront travailler à en produire de semblables Prix : pris au bureau, animaux figures noires, 8 francs; coloriées, 12 francs; et avec terrains coloriés, 15 francs.

Afin d'engager les cultivateurs français à se hâter d'imiter les cultivateurs des pays voisins, nous avons cru nécessaire de leur montrer la véritable position qu'ils nous font et aussi celle qu'ils doivent occuper parmi les nations de l'Europe.

Pour les écoles communales.

Tableau en deux feuilles murales de 54/70 centimètres, où est figuré au moyen de la lithographie un bœuf anglais, 1/3 grandeur naturelle, primé à Paris. — Figure noire, 4 fr. 50 cent.

Tableau en deux feuilles murales de 54/70 centimètres où sont figurés 2 moutons et 3 cochons anglais, lithographiés, primés en Angleterre et à Paris.— Figures coloriées, 7 fr. 50 c.

Une instruction relative à l'amélioration du bétail français est collée au bas de chacun des deux derniers tableaux.

Tableau en quatre feuilles murales de 54/70 centimètres, où sont figurés, au moyen de la lithographie, plus de 200 champignons comestibles qni croissent en France, des genres qui ne renferment ni une espèce, ni une variété suspecte ou vénéneuse, qui sont en usage dans l'alimentation de l'homme, dans les autres États de l'Europe. Les champignons de ces genres, par leurs formes bizarres, si différentes de celles des champignons malfaisants, ne permettent pas de méprises. Au bas du tableau sont imprimés leurs noms, les lieux qu'ils habitent et l'époque à laquelle ils croissent. — Afin d'aider la mémoire des enfants on a figuré les terrains où ils viennent le plus ordinairement: si le penchant c'est sur des collines le terrain est incliné ; s'ils existent dans les gazons, ceux-ci y sont figurés ; les feuilles et les pommes de pins indiquent que ces espèces de champignons se plaisent dans ces bois ; lorsqu'il y a des glands et des feuilles caduques figurés sur le terrain, c'est qu'ils viennent de préférence dans les bois de chênes ou de châtaigniers, etc. Prix : figures noires, 8 francs ; coloriées, 12 francs.

Pour les bibliothèques communales.

POUR PARAITRE PROCHAINEMENT.

Traité des champignons comestibles, suspects et vénéneux qui croissent en France. Cet ouvrage paraîtra en trois parties ; la première, qui est achevée et non imprimée, est composée de 19 planches (représentant dans leur ensemble plus de 200 figures) et texte grand in-4 ; elle comprend tous les genres qui ne renferment ni une espèce, ni une variété suspecte ou vénéneuse. Les champignons de ces genres, par leurs formes bizarres si différentes de celles des genres qui contiennent des champignons malfaisants, ne permettent pas de méprises. Elle contient, en outre, un avant-propos, un glossaire, la composition chimique de ces végétaux, leur préparation culinaire, leur conservation et une classification qui en rend l'étude extrêmement facile. — Prix : figures noires, 10 francs ; sur Chine, 15 francs ; coloriées avec soin, 20 francs.

On peut souscrire pour une partie de cet ouvrage ou pour un tableau, sans être engagé à prendre les autres.

Il croît en France 240 espèces de champignons comestibles qui pourraient être utilisées dans l'alimentation de l'homme comme elles le sont en Angleterre, en Italie, en Germanie, en Slavonie et dans la Scandinavie, où la viande est, dans ces derniers pays, beaucoup moins chère qu'en France. De ce nombre, une dizaine d'espèces seulement étant connues dans notre pays y sont recherchées comme aliment. C'est cependant une nourriture excellente que la Providence nous envoie souvent à profusion, et que nous laissons perdre faute de bien la connaître ; elle serait très-précieuse pour les pauvres gens de notre patrie, qui ne peuvent pas se procurer de la viande.

Les champignons comestibles ont la composition chimique de celle-ci, et ils contiennent en outre un principe fortifiant analogue à celui que renferment le thé et le café, ce qui les rend plus nourrissants que la viande elle-même.

En effet, les habitants des contrées pauvres de l'Allemagne ne vivent absolument que de pain noir et de champignons, dont ils font des salaisons pour la saison d'hiver, et n'ont que de l'eau pour boisson ; néanmoins ils sont forts, vigoureux et bien portants. A Paris, M. le Dr Letellié, désirant s'assurer par lui-même des propriétés nutritives de ces délicieux cryptogames, mises en doute par quelques auteurs, a mangé pendant quinze jours consécutifs des champignons sans pain, ne buvant que de l'eau, tout en vaquant à ses occupations habituelles sans sentir ses forces s'affaiblir, il était aussi fort le quinzième jour que le premier. J'ai agi de même sans en souffrir

Afin que les classes pauvres du pays dont il vient d'êtr

parlé, puissent profiter de cet aliment substantiel, sans être exposées aux dangers que pourrait causer leur ignorance, les personnes bienveillantes de ces pays se plaisent à doter les communes et les écoles publiques de livres à gravures, de prix assez élevés (comme on a pu le voir à l'Exposition universelle de 1867) traitant de ces delicieux végétaux.

Toutes ces considérations m'ont décidé à mettre mes connaissances mycologiques au service de mon pays, en publiant un traité des champignons, etc. Étant persuadé que les personnes riches de notre belle patrie, ne sont pas moins bienveillantes que celles des autres États de l'Europe.

Quelque bonne que soit la description d'un objet, il ne se grave jamais aussi bien dans la mémoire que lorsqu'il est représenté par une figure. En outre, commme un bon nombre de personnes qui doivent profiter de ce travail ne savent pas lire, j'ai fait venir d'Italie l'ouvrage de Barla, du prix de 85 francs; d'Allemagne, celui de Krombholz, du prix de 310 francs; d'Angleterre, celui de Mme Hussy et celui de Bercley, ensemble du prix de 975 francs (pour figurer les 240 espèces comestibles, les 72 espèces vénéneuses et les 37 espèces suspectées d'être malfaisantes qui croissent en France). Je dois aux libéralités de M. Holfstheck, commissaire pour la partie suédoise à l'Exposition universelle de Paris (1867), les ouvrages de champignons qui faisaient partie de la bibliothèque de l'école communale de ce pays, qui a obtenu la médaille d'or.

BIBLIOTHÈQUE NATIONALE
R.F.
IMPRIMÉS

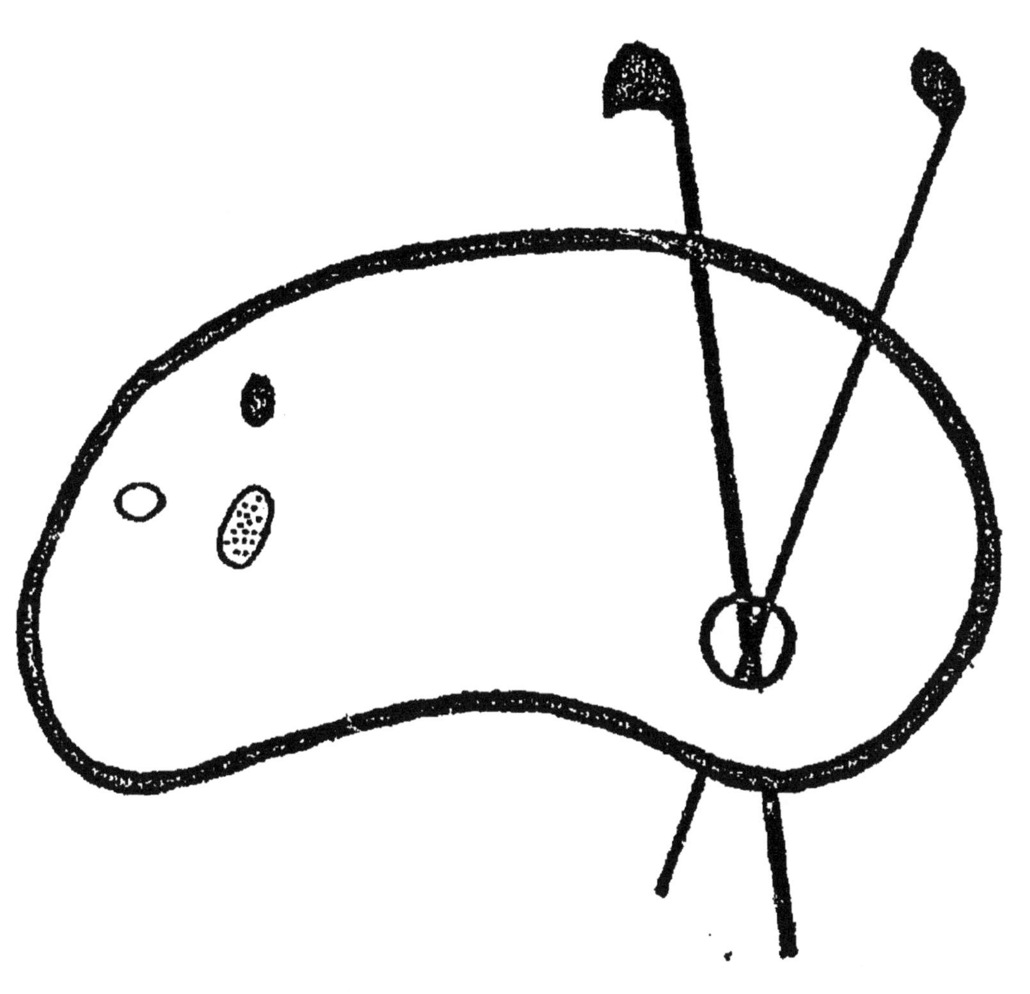

www.ingramcontent.com/pod-product-compliance
Ingram Content Group UK Ltd.
Pitfield, Milton Keynes, MK11 3LW, UK
UKHW022108190726
13855UKWH00002B/723

9 782013 572712